DE L'ÉTIOLOGIE

DU

GOITRE ENDÉMIQUE,

ET

DE SES INDICATIONS PROPHYLACTIQUES ET CURATIVES.

Paris. — RIGNOUX, Imprimeur de la Faculté de Médecine, rue Monsieur-le-Prince, 31.

DE L'ÉTIOLOGIE

DU

GOITRE ENDÉMIQUE,

ET

DE SES INDICATIONS PROPHYLACTIQUES ET CURATIVES,

Par L.-F.-C.-M. MORÉTIN,

Docteur en Médecine de la Faculté de Paris.

————— ❧❀❧ —————

PARIS.

Louis LECLERC, LIBRAIRE,
rue de l'École-de-Médecine, 14.

—

1854

DE L'ÉTIOLOGIE

DU

GOITRE ENDÉMIQUE,

ET

DE SES INDICATIONS PROPHYLACTIQUES ET CURATIVES.

INTRODUCTION.

Souvent consulté, pendant mes vacances, par des gens du pays qui me priaient de les débarrasser du goître qu'ils portaient, je n'ai pu rester spectateur indifférent de cette maladie endémique, si commune dans un grand nombre de localités.

On compte en France, d'après la statistique et les calculs de M. Grange, 500,000 goîtreux; s'il fallait y joindre les crétins, que beaucoup d'auteurs considèrent encore comme issus des premiers par une filiation inséparable, il faudrait ajouter le chiffre de 30,000 pour ces êtres dégradés.

Le seul canton de Voiteur (Jura), soumis spécialement à mon observation, compte 300 goîtreux, d'après la statistique officielle, et j'ai pu m'assurer que ce chiffre est bien au-dessous de la vérité.

Je n'essayerai pas d'énumérer toutes les contrées du globe dans lesquelles on trouve le goître endémique, la liste en serait beaucoup trop longue. Cette comparaison est utile cependant, quand on veut éliminer certaines causes de cette maladie, en nous la montrant au milieu des conditions les plus diverses.

La fréquence du goître endémique, les inconvénients sérieux, les accidents même, qu'il détermine quelquefois : tels sont surtout les motifs qui nous ont déterminé à en faire une étude spéciale. Il faut dire, à la vérité, que cette maladie n'entraîne jamais la mort par elle-même ; mais en imprimant, dans quelques cas, de profondes modifications aux appareils organiques, elle peut amener ce résultat indirectement, ou tout au moins, si elle n'abrége pas les jours, rendre la vie très-pénible.

Ne voulant pas faire un traité complet du goître endémique, je me suis borné à en étudier l'étiologie. Comme conséquence pratique, j'ai cru qu'il était utile de la faire suivre de considérations sur le traitement de cette maladie. Je ne parlerai donc pas de l'anatomie pathologique, de la symptomatologie, du diagnostic, etc. J'ai dit quelques mots des rapports du goître avec le crétinisme et la scrofule, parce que l'opinion de beaucoup d'auteurs, qui confondent ces affections pathologiques, ne me paraît pas suffisamment prouvée.

Quelques recherches de pathologie comparée m'ont fait voir que les animaux domestiques n'échappent pas complétement à l'hypertrophie thyroïdienne ; j'en ai trouvé trois cas dans l'espèce bovine. Chez ces animaux, cette tumeur passe inaperçue, à cause de l'ampleur de la peau du cou. J'ai interrogé les bouchers de plusieurs localités à goîtres, et ils m'ont assuré l'avoir rencontrée assez souvent, mais seulement sur les bêtes achetées dans le pays. D'après M. Goubaux, professeur à l'École vétérinaire d'Alfort, le goître serait excessivement rare chez les animaux domestiques, même dans les foyers endémiques (*Mémoires de la Société de biologie*, t. 4, p. 76 ; 1852). On conçoit que l'homme puisse seul être atteint, car les milieux ne paraissent pas avoir toujours la même influence sur toutes les espèces. Quoi qu'il en soit, ce point de pathologie comparée pourrait devenir l'objet d'une étude fort intéressante.

Ce qui frappe tout d'abord l'observateur, c'est la délimitation, très-nettement tranchée, des lieux où règne le goître endémique. En voyant les cas de cette affection groupés d'une manière disproportionnée dans certains pays, à l'exclusion des autres, on a tout de suite l'idée d'une cause locale. Toute l'attention se porte sur l'étiologie; c'est l'épine qu'il faut enlever pour voir se cicatriser la blessure. Aussi ce but a-t-il été celui de tous les travaux publiés dans ces derniers temps.

On ne trouve rien de précis sur le goître dans les écrits des anciens, à moins qu'on ne veuille considérer comme tel des passages d'Hippocrate, de Celse, etc. Le premier auteur qui en fasse une mention spéciale est un médecin suisse, Josias Simler, dans une description du Valais, au 16ᵉ siècle.

Mais il faut arriver jusqu'au siècle dernier, et surtout au commencement de celui-ci, pour trouver des travaux importants sur cette matière.

Le célèbre de Saussure (*Voyage dans les Alpes*) ne se contenta pas de signaler la présence du goître et du crétinisme; mais il s'efforça d'en rechercher les causes, avec cet esprit d'observation qui lui était propre.

Bientôt le savant Fodéré nous laissa une monographie complète du goître et du crétinisme. Son traité, écrit avec beaucoup d'élégance et de savoir, a été imprimé à Paris en 1802, et compte plusieurs éditions.

Depuis cette époque, de nombreux mémoires parurent sur ce sujet, surtout en Allemagne.

MM. de Humboldt et Boussingault nous ont donné des relations sur le goître en Amérique; Mac Clelland, dans les Indes.

Enfin, dans ces derniers temps, cette question, portée devant les académies, a reçu une nouvelle impulsion.

Je citerai les mémoires de M. Grange et de MM. Bouchardat, Ferrus, Chatin, le traité de M. Niepce, etc.

Les gouvernements eux-mêmes sont entrés dans cette voie, et

nous ont valu le remarquable rapport de la commission de Sardaigne, instituée par l'infortuné roi Charles-Albert. Dans le même pays, les communications scientifiques d'un savant prélat, Mgr Billet, achevêque de Chambéry, ont jeté quelque lumière sur cette obscure question.

La lecture de quelques-uns de ces documents, et d'autres que nous avons cités dans le cours de ce mémoire, nous a été d'une grande utilité sans doute. Nous y avons puisé la conviction qu'il existe une cause hydrologique du goître endémique ; mais les observations et les recherches personnelles que nous avions faites d'abord, sans idées préconçues, nous avaient amené au même résultat.

Une grande divergence d'opinions se manifeste encore au sujet du principe nuisible que renferment les eaux potables ; serait-ce même à l'absence d'un principe utile qu'il faudrait attribuer le goître ?

Nous nous sommes servi, pour résoudre ce problème difficile, de la comparaison de toutes les analyses d'eaux potables publiées dans l'*Annuaire des eaux de la France*, recueil que la science doit à la puissante initiative de M. le sénateur Dumas, et digne de l'idée qui l'a conçu. Nous avons fait ou fait faire des analyses dont le résultat inattendu a été de constater, dans les eaux des pays goîtreux, l'indice d'une matière organique spéciale, en très-petite quantité, que nous n'avons pas pu isoler, il est vrai, mais qui, d'après notre opinion, serait empruntée aux terrains à travers lesquels filtrent les eaux.

C'est avec la plus grande réserve que nous venons proposer cette nouvelle étiologie ; le petit nombre de faits que nous possédons, la difficulté de cette étude, qui exige un temps et des dépenses au-dessus de nos forces, ne nous permettent pas d'être plus affirmatif.

Depuis bientôt deux ans, nous hésitons à produire ce travail, et il est probable qu'il n'eût jamais vu le jour, sans les encouragements bienveillants de M. le professeur Bouchardat, qui, de son côté, par voie d'exclusion, était arrivé à avoir les mêmes idées sur ce sujet.

C'est dans les leçons de ce savant maître, c'est dans les entretiens particuliers que nous avons eus avec lui, que nous avons puisé le courage nécessaire à la défense d'une hypothèse qui va soulever contre elle une foule d'objections, auxquelles n'aurait peut-être pas résisté notre défaut de connaissances spéciales et approfondies en chimie et en géologie.

QUELQUES MOTS SUR LA STATISTIQUE.

Nous avions l'intention de dresser deux cartes, l'une géographique, l'autre géologique, de la distribution du goître dans le département du Jura ; mais, en nous basant sur la statistique officielle, nous avons bientôt été arrêté par son inexactitude, que nous avons constatée sur un grand nombre de points. La statistique du recrutement militaire, en apparence plus exacte, ne pouvait pas non plus nous conduire au résultat que nous cherchions, à savoir : le nombre exact d'individus atteints dans chaque village. Ce genre de statistique a une certaine valeur, quand il s'agit d'étudier d'une manière générale la distribution d'une maladie dans une vaste étendue de pays. M. Malgaigne en a tiré un heureux parti pour dresser sa carte de la France hernieuse ; c'est à l'aide du même moyen que M. Grange a pu tracer la géographie du goître et du crétinisme dans de belles cartes que je regrette de n'avoir pas eues à ma disposition.

Nous croyons que la statistique clinique, faite pas à pas par des observateurs habitant le pays, en apprendra plus, dans la recherche de l'étiologie des affections endémiques, que toutes les statistiques officielles, qui sont utiles sans doute, mais qui manquent le plus souvent d'exactitude.

Ce n'est pas non plus en parcourant, avec la rapidité de l'éclair, un grand nombre de contrées, et par des observations à vol d'oiseau, qu'il faut espérer résoudre le problème qui nous occupe ; l'observateur, emporté par sa théorie, s'expose à moissonner sur sa route l'erreur avec la vérité.

La petite carte géographique qui termine ce mémoire est destinée à faciliter l'intelligence du texte en éclairant certains points d'étiologie ; elle représente l'étendue en largeur de la zone goîtreuse, en bas du dernier plateau du Jura, au canton de Voiteur. Cette zone, encadrée entre deux autres zones, celle de la plaine et celle de la montagne, dans lesquelles le goître fait complétement défaut, s'étend du sud-ouest au nord-est, et elle n'est, dans toute sa longueur, que la répétition de la bande étroite dont nous donnons le spécimen. Chose remarquable, cet espace limité, que l'on pourrait tout aussi bien appeler *zone viticole*, est livrée presque exclusivement à la culture de la vigne, qui fournit en quelques points des vins réputés : aussi quelques médecins, frappés de cette circonstance en apparence favorable, ont-ils cru voir entre la viticulture et le goître endémique des rapports de cause à effet.

Cette carte nous fait voir en outre, en comparant le chiffre de la population à celui des cas de goîtres, que la fréquence de cette maladie n'est pas toujours en rapport direct avec l'encaissement des villages dans les vallées profondes.

Je remercie mon ami Charles Hugon d'avoir bien voulu se charger de l'exécution de cette planche, en attendant que nos ressources nous permettent de dresser des cartes détaillées, ayant pour base une statistique vraiment médicale.

I.

Y A-T-IL EN DEHORS DES EAUX POTABLES DES INFLUENCES CAPABLES DE PRODUIRE LE GOITRE ENDÉMIQUE?

Le goître, comme toutes les maladies qui se rattachent à une cause spéciale, a besoin d'un support, du concours de causes prédisposantes et occasionnelles; car, pour qu'une force nous révèle son action, il ne suffit pas de son existence, mais il faut que le milieu, que les objets avec lesquels elle se trouve en contact, ne gênent pas, ne contrarient pas sa manifestation.

Voilà pourquoi nous allons passer rapidement en revue les opinions des auteurs qui placent la cause du goître en dehors des eaux potables. Parmi ces causes secondaires, les unes doivent être rejetées, d'autres méritent une sérieuse attention.

Mais que toutes ces influences, dont chacune a été admise à des époques et dans des milieux différents, soient réunies et pèsent à la fois sur une population donnée, ce qui se trouve réalisé dans quelques grandes villes, le goître endémique restera inconnu, si les eaux sont excellentes, et ne tiennent pas en dissolution quelque principe malfaisant, dont l'action sur le corps thyroïde ne saurait être révoquée en doute.

Pour mettre de l'ordre dans l'énumération de ces causes secondaires, nous les partagerons en trois groupes : dans le premier, nous ferons entrer les causes prédisposantes générales, inhérentes aux localités infectées; dans le second, les causes prédisposantes individuelles; enfin, dans le troisième, les causes occasionnelles.

A.

Causes prédisposantes générales, locales.

1° *Encaissement des villages et des habitations dans les vallées profondes.* Cette cause, mise en première ligne par un grand nombre d'observateurs, n'a pas toute l'importance qu'on a voulu lui donner; car on n'a pas fait attention que l'on trouve aussi des goîtreux dans des pays de plaine, bien que, d'une manière générale, la maladie soit plus fréquente dans le voisinage des montagnes. On peut voir, par la carte géographique qui accompagne ce travail, combien cette cause est peu fondée. En effet, le village de Baume, le plus encaissé de tous, renferme bien moins de cas de bronchocèles que le village de Voiteur, situé à la partie la plus évasée de la vallée et à l'entrée de la plaine. Le premier de ces villages, sur 788 habitants, compte environ 76 cas, tandis que le second en a 168 sur 1222 habitants; c'est une proportion de 85,2 sur 1,000 pour Baume, et de 137,4 sur 1,000 pour Voiteur.

D'un autre côté, on trouve des vallées étroites et profondes sur le premier plateau du Jura, et cependant le goître y est inconnu.

2° *Qualités de l'air atmosphérique et surtout son humidité.* Voilà une cause qui a rallié et qui rallie encore de nombreux partisans, à la tête desquels se place le savant Fodéré. Il a fait de nombreux efforts pour faire de cette circonstance la cause presque unique de la maladie qui nous occupe. C'est aussi le grand cheval de bataille des champions d'une cause multiple dans la question du goître endémique. Sans doute, les qualités de l'air, et cette condition surtout de son humidité, peuvent venir en aide à la véritable cause. Est-ce que par hasard les pays goîtreux seraient les seules contrées du monde humides? Où ces conditions d'un air humide règnent-elles davantage que sur les bords de la mer? Et cependant les pays

maritimes sont remarquables par l'absence constante de bronchocèles. Combien d'autres localités humides où ne règne pas cette infirmité ! Parcourez les rues étroites et tortueuses de nos grandes
villes , de Paris , par exemple , et voyez si là ne se trouve pas à un
haut degré l'humidité de l'air, ajoutée à la privation de ce fluide et
à sa stagnation , deux circonstances que nous allons tout à l'heure
mentionner. D'ailleurs, comme l'a fort bien dit M. le professeur
Bouchardat , dans son cours d'hygiène , une expérience bien faite
vaut mieux que mille faits mal observés. Mettez donc, dirai-je aux
partisans de cette cause, un individu dans un air humide, et voyez
si vous en ferez jamais un goîtreux !

3° *Privation d'air , sa stagnation dans les vallées et les gorges
étroites.* Cette circonstance n'a pas plus de valeur que la précédente,
malgré l'opinion de Fodéré et de tous ceux qui l'ont adoptée ; il est
faux que l'air ne circule pas dans la plupart des localités infectées
par le goître. Pour mon compte, j'ai vu souvent des arbres robustes
déracinés par la violence des vents dans des vallées resserrées , où
d'autres veulent s'obstiner à voir constamment la stagnation de
l'air ; les branches des arbres n'y sont ni plus ni moins agitées par
ce fluide que dans d'autres localités mieux exposées. M. Grange a
vu lui-même les grands arbres qui ombragent la statue que la re-
connaissance a élevée à Fodéré, à Saint-Jean-de-Maurienne, ployer
sous les coups de l'aquilon , comme pour protester contre l'opinion
de ce grand homme.

Je citerai plus loin le village de Montaigu (Jura), pays le mieux
ventilé que je connaisse, ce qui n'empêche pas le goître d'y être
encore fréquent.

La ventilation se fait sentir dans les vallées les plus étroites ; pour
le nier, il ne faudrait pas avoir la moindre connaissance de la circulation des fluides. La vallée de la Seille est parcourue par un courant d'air ascendant le matin et descendant le soir. Ce phénomène,
qui se fait remarquer dans toutes les vallées un peu profondes et

étendues, tient, selon toute apparence, à un effet de température. Le matin, le soleil levant échauffe tout d'abord le sommet des vallons; l'air plus chaud se raréfie en ce point, et le courant s'établit du fond de la vallée à sa partie supérieure. Dans le cours de la journée, les rayons solaires échauffent fortement les anfractuosités et les parties les plus déclives, et l'air plus froid des parties supérieures s'y précipite après le coucher du soleil. Je crois que c'est là l'explication la plus plausible de cette circonstance observée à peu près partout dans les pays de montagnes.

4° *Les variations brusques de la température.*

5° *La privation des rayons du soleil et de la lumière.*

Toutes ces conditions ne sont que des coïncidences qu'on rencontre aussi dans une foule d'autres lieux, où elles produisent les effets les plus divers.

6° *Élévation du sol.* C'est un fait d'observation, il faut le reconnaître, l'endémie goîtreuse est beaucoup plus fréquente dans les montagnes ou au voisinage des montagnes que dans les pays de plaines. Ceci trouve son explication dans la composition du sol; en effet, les montagnes ne sont que des soulèvements des couches terrestres, et ces soulèvements coïncident avec une certaine constitution géologique à laquelle est inhérente la production du goître.

Saussure avait remarqué qu'à une certaine hauteur au-dessus du niveau de la mer, le goître disparaissait. Cela est vrai dans les Alpes. Mais M. Boussingault a observé des goîtreux dans les Cordillères en Amérique, sur une élévation bien plus considérable que celle assignée par Saussure.

7° *Habitations.* Les conditions de mauvaise habitation sont adjuvantes, mais non productrices du goître. Combien de pays sont aussi mal partagés sous ce rapport ! En Sologne, par exemple, les habitations les plus chétives, loin de garantir l'homme des insalubrités des marécages, sont pour lui une nouvelle cause de dégénération; au lieu d'élever le terre-plein de sa maison au-dessus du sol, il creuse ce sol, et s'y enfonce, comme le lapin de ses forêts de bruyères.

8° *Marais.* Dans beaucoup de localités à goîtres, il y a des marais; l'eau stagne dans le fond de nombreuses vallées, surtout en Piémont. « Les fièvres intermittentes, dit M. Ferrus, dans les localités favorables au développement du goître et du crétinisme, sont ordinairement, parmi la population, très-fréquentes et très-rebelles. On y rencontre communément la tuméfaction des glandes mésentériques et des viscères parenchymateux, et, comme résultat de cette tuméfaction et de la constitution régnante, les épanchements séreux et la leucophlegmatie, etc. » Mais les marais ne peuvent nous rendre raison de la cause du goître, car on trouve des pays des plus fiévreux sans mélange de cette affection.

Cela ne veut pas dire cependant qu'il n'y ait aucune analogie entre la cause qui produit l'hypertrophie de la rate et celle qui engendre l'hypertrophie du corps thyroïde. Les effluves marécageux, par leur origine organique et leur mode d'action sur un organe qui, comme la rate, a de nombreux traits de ressemblances anatomiques et physiologiques avec le corps thyroïde, nous permettront d'établir quelques rapports de similitude, mais non d'identité, entre deux affections qui ont un caractère anatomo-pathologique commun, l'hypertrophie, et une cause semblable, des matières organiques, ainsi que nous l'avons prouvé ailleurs pour le goître.

9° *Électricité.* Peu d'observateurs se sont occupés de rechercher quels pouvaient être les rapports des variations de l'électricité avec les maladies endémiques. M. Niepce a entrepris à cet égard une série d'observations dans la vallée d'Allevard. Il résulte des tableaux qu'il a dressés avec beaucoup de soin, et où sont notées les moyennes thermométriques, barométriques, hygrométriques, la direction des vents, l'état du ciel, les jours d'orage, etc., il résulte, dis-je, que l'électricité résineuse est presque l'état habituel des régions alpestres où règnent le goître et le crétinisme; car, sur 701 observations, il a constaté que l'électricité négative avait été de 632 fois, tandis que la présence de l'électricité positive n'avait été accusée que 69 fois. Quelle conclusion tirer de ce fait? C'est que l'état de la science ne permet pas d'en donner une explication; il faut se borner pour le moment à le constater.

« Dans les Alpes, dit M. Niepce, l'intensité de la tension électrique est en raison inverse de la température, et pendant les orages, l'électroscope, loin d'accuser une tension électrique très-forte, ne fournit que des indications variables et souvent très-différentes dans des conditions météorologiques identiques en apparence. Il en résulte que si quelques phénomènes se produisent effectivement, ils doivent être attribués non à une tension plus forte, mais à une perturbation considérable de l'électricité atmosphérique. » (Ouvrage cité, t. 2, p. 4.)

10° *Concours d'une cause multiple*. On a prétendu que le goître est la résultante de plusieurs causes. Cette opinion compte aujourd'hui tous ceux qui ne veulent pas voir dans les eaux potables la cause déterminante de cette difformité pathologique. Encore quand cela serait, est-ce à dire qu'il ne faille pas subordonner ces causes? Du reste, on remarque des pays parfaitement privilégiés en apparence sous tous les rapports, et qui comptent des goîtreux, et d'autres qui présentent ce concours de causes sans entraîner la naissance de cette endémie.

11° On a signalé comme contraire à l'admission d'une cause spéciale la disparition, ou tout au moins la diminution, de la fréquence du goître et du crétinisme, sous l'influence du percement de routes nouvelles, de l'introduction du commerce et de l'industrie, etc., toutes choses égales d'ailleurs. Ces circonstances toutes nouvelles font disparaître peu à peu l'ancienne population, qui, chétive et rabougrie, s'éteint d'elle-même devant l'installation des étrangers. D'un autre côté, le commerce, en apportant de nouveaux éléments dans l'alimentation, atténue la cause principale. Ainsi s'explique l'action favorable de ces grandes mesures d'hygiène publique.

12° Enfin parlerai-je de la misère et de tout ce qui s'ensuit, de la malpropreté, des boissons alcooliques, de la débauche, etc., qu'on a accusés tour à tour d'être la cause du goître? Mais où trouve-t-on plus de misère et plus de vices que dans les grandes villes, et surtout dans les villes manufacturières? Observe-t-on le goître endémique dans ces grands centres de population? Non. La misère, la malpropreté, la débauche, etc., aggravent toutes les maladies, mais elles ne sont pas la cause de celle qui nous occupe. Quelle est la terre bénite où l'on ne rencontre pas ces compagnes de l'humanité souffrante!

B.

Causes prédisposantes individuelles.

1° *Hérédité*. Cette influence est des plus évidentes. Les parents transmettent à leurs descendants les prédispositions qui favorisent l'éclosion du germe de la maladie, sans cesse déposé dans l'organisme par l'usage continuel des mêmes eaux. Une sorte de prédominance organique et fonctionnelle est acquise au corps thyroïde chez ces individus. La cause agit sur eux avec beaucoup plus de puissance que sur les sujets qui n'apportent avec eux qu'une disposition personnelle et non héréditaire.

Mais il n'en saurait être du goître comme de la syphilis, par exemple; ici c'est comme une semence confiée à la terre et qui se propage ; là c'est une sorte de cachexie lentement acquise par l'action d'une cause cachée, et la complicité de l'organisme. Ce n'est pas un virus que l'hérédité transmet, mais une aptitude que les générations successives peuvent élever à de nouvelles puissances. Mais l'hérédité dans les maladies n'est pas fatale, elle peut disparaître par l'introduction de nouveaux éléments dans une famille, et le développement d'une maladie héréditaire peut souvent être prévenu par une sage hygiène.

Parmi toutes les prédispositions au goître, le lymphatisme est sans contredit une des plus actives, celle aussi qui se transmet le plus facilement par l'hérédité. Mais il n'est pas juste de confondre, comme quelques-uns l'ont fait, le goître et le tempérament lymphatique, le goître et la scrofule, de ne voir entre ces différentes affections que des relations de cause à effet. Partout on trouve des tempéraments lymphatiques, partout on rencontre des scrofuleux. Le goître endémique seul existe dans des régions parfaitement circonscrites, forme une maladie à part, qui, comme toutes les maladies, choisit ses victimes parmi les sujets prédisposés.

L'hérédité du goître, dans les pays endémiques, se trouve singulièrement favorisée par l'action permanente d'une cause locale. Mais, indépendamment de cette cause, celle-ci ayant été entièrement soustraite par l'émigration dans un pays sain, l'hérédité suffit-elle pour perpétuer le goître dans les descendants d'une même famille, en dehors du foyer endémique ? La question n'est pas jugée ; mais je serais porté à croire que, dans l'immense majorité des cas, l'influence héréditaire s'éteint par le séjour prolongé dans une localité saine. Ceci résulte de la topographie même du goître, de sa délimitation bien tranchée, de son apparition pour ainsi dire *ex abrupto* au milieu d'un pays dont tout le voisinage en est exempt ; c'est ainsi que j'ai cherché vainement quelques cas de goîtres dans un village distant à peine de 2 kilomètres d'un autre village rempli de cas de bronchocèles. En serait-il ainsi si l'hérédité avait par elle-même une grande puissance d'action ? On ne verrait plus le goître

si bien délimité ; il serait disséminé par les alliances et s'étendrait
de proche en proche : or c'est là un fait qui a contre lui l'expérience. Il existe cependant quelques observations où la transmission
héréditaire paraît avoir lieu en l'absence du milieu infecté, mais
elles sont rares.

Une observation des plus curieuses d'hérédité séculaire m'a été
communiquée par M. Désiré Monnier, inspecteur correspondant des
monuments historiques, auteur de l'*Annuaire du Jura*, etc. Ce savant archéologue a entrepris, avec un zèle digne d'éloges qui ferait
envie à bien des médecins, de tracer la statistique du goître dans
le Jura, d'après les renseignements fournis par le dernier recense-
ment de la population. C'est dans son manuscrit pour l'année 1853
que je copie le fait en question, recueilli dans la région montagneuse,
remarquable par l'absence du goître endémique.

« Chose surprenante, dit-il, c'est le nombre de goîtres que l'on a
constaté en 1851 dans la commune de la Chaux-du-Dombier ! Le
canton entier de Saint-Laurent-en-Grandvaux comptait 17 cas de
l'engorgement anormal dont il s'agit, et, sur ce nombre, la Chaux-
du-Dombier en reconnaissait 14 à elle seule. D'où lui vient cette
malheureuse surabondance ? En attendant que l'on en découvre la
cause la plus certaine dans la constitution du sol ou de l'eau, nous
oserons l'indiquer, comme assez probable, dans l'origine étrangère
de la population. Le seigneur de l'Aigle, en 1335, octroya une charte
d'affranchissement aux habitant de cette terre, et sa charte a fait
connaître un de leurs usages, qui ne ressemble en aucune manière
aux mœurs du comté de Bourgogne : il s'agissait de leur droit de
vendre ou marier leurs filles comme bon leur semblerait, pourvu
qu'ils payassent chaque fois une légère redevance à leur seigneur....
Où trouver encore existant en Europe l'usage de vendre ses filles ?
Dans une contrée de la Hongrie valaque, où le goître est fort commun, et qui a pu être dans un temps sous la domination des princes
de la maison de Méranie. L'analogie de la coiffure des femmes va-
laques avec l'ancien touquet des femmes du Grandvaux viendrait

appuyer cette origine ; il est, au surplus, généralement admis dans les environs que les habitants de la Chaux-du-Dombier sont étrangers au pays. L'isolement où ils se tiennent, en ne recherchant pas d'alliance au dehors, serait une des raisons les plus palpables de la persistance du bronchocèle dans des générations qui s'y succèdent sans croisement de race. »

J'aimerais mieux croire qu'il existe à la Chaux-du-Dombier une circonstance exceptionnelle sur tout le plateau de la montagne où ce village est situé ; il y a là très-probablement une cause locale qui mérite d'être étudiée.

Aussi M. D. Monnier a-t-il le soin d'ajouter : « Il y a lieu de s'étonner de ce qu'un tel pays (la montagne), dont la population s'est formée en majeure partie de races alpestres, ne soit pas affligé d'un plus grand nombre de goîtres ; mais, dit-il, si nous nous confions aux observations des médecins de ce pays, nous en trouverons la cause dans une transformation du vice thyroïdien en vice scrofuleux. Ils prétendent que ces deux affections morbides se substituent l'une à l'autre, et il faut dire, à l'appui de cette assertion, que les scrofules ne sont que trop fréquentes dans la région montagneuse. »

Rien n'autorise une semblable opinion, qui ne pourrait venir que de l'oubli des plus grossières notions anatomiques ; les engorgements scrofuleux des glandes lymphatiques du cou n'ont rien de commun avec l'hypertrophie de la thyroïde, organe spécial, anatomiquement et physiologiquement distinct des ganglions parcourus par la lymphe.

La scrofule n'est pas plus une transformation du goître qu'elle n'est identique avec lui, comme le prétendent encore beaucoup d'auteurs. Pour ces derniers, l'hérédité transmet une certaine disposition organique en vertu de laquelle les enfants naissent tout aussi bien scrofuleux, goîtreux ou crétins, quel qu'ait été le vice originel du père, de la mère ou de quelqu'un des ascendants.

« Considérer le goître et le crétinisme comme l'exagération des vices scrofuleux, dit M. Grange, c'est être en contradic tin formelle avec les faits. Dans les Pyrénées, où les scrofules sont rares, les affections dont nous nous occupons sont extrêmement communes, et dans la Nièvre, où la diathèse scrofuleuse fait beaucoup de ravages, le goître est à peine connu. Ces diverses maladies sévissent quelquefois ensemble, et alors leur intensité s'accroît nécessairement de leur double influence. » (*Archives des missions scientifiques*, décembre 1850, p. 662.)

M. Lebert, qui a exercé la médecine dans le canton de Vaud (Suisse), pays dans lequel il a eu occasion de voir beaucoup de goîtres, d'affections scrofuleuses et de crétinisme, s'élève avec force contre cette confusion de maladies entre lesquelles, selon lui, il n'existe aucune liaison pathologique. Nous reviendrons sur ce sujet en parlant des rapports du goître et du crétinisme.

2° *Age, sexe*. L'hypertrophie de la thyroïde peut arriver à tous les âges, mais elle survient de préférence dans l'enfance et la jeunesse, surtout vers l'âge de la puberté, dans les deux sexes ; elle est bien plus fréquente chez les femmes que chez les hommes, probablement parce que les premières ont la glande plus volumineuse à l'état normal, et peut-être aussi à cause des sympathies qui peuvent lier cet organe au système utérin. Quoi qu'il en soit, d'après mon observation, les femmes sont atteintes relativement aux hommes :: 5 : 1.

3° *Aménorrhée, dysménorrhée, ménopause, grossesse*. Le goître se développe principalement chez les jeunes filles à l'époque de la puberté ; c'est sans doute lorsque chez elles l'empire des fonctions utérines ne s'établit qu'avec difficulté. Les femmes dont la menstruation est douloureuse, irrégulière ou supprimée, y sont également prédisposées. Reid a vu la suppression des règles être suivie de l'apparition d'un bronchocèle, dont la résolution ne s'opéra qu'au bout de quatre ans, après le rétablissement du flux cataménial. La ménopause, par la pléthore et les congestions qui en sont habituellement la suite, est souvent aussi l'occasion du développement du goître.

Le Dr Chauvin cite l'observation d'une femme qui jusqu'à la ménopause n'avait jamais eu trace de goître ; à cette époque de sa vie, elle fut prise à la fois et d'un rhumatisme articulaire aigu et d'hypertrophie de la thyroïde. Plusieurs émissions sanguines firent justice de l'une et l'autre affection. (Thèse 1852, p. 22.)

Le Dr Chocus cite une dame âgée qui, après avoir vu disparaître, sous l'influence des remèdes, un goître développé à l'époque de la puberté, le vit reparaître à l'âge critique, pour ne plus s'en aller (thèse).

L'influence de la grossesse est tellement manifeste, qu'il me suffit de l'avoir signalée en passant.

Comment interpréter l'action des causes que nous venons de mentionner ? Coindet, de Genève, accuse la sympathie qui existe entre le cou et le système reproducteur. Faut-il admettre que les rapports mystérieux (« arcana est conspiratio pudendorum cum fau- « cibus, » dit Baglivi) qui unissent l'organe de la voix et l'utérus existent aussi entre ce dernier organe et le corps thyroïde ? Les sympathies de cette glande avec l'appareil génital dépendent vraisemblablement de la même cause qui fait que la gorge, le larynx et les autres parties du cou, en ont aussi avec cet appareil, sans qu'on puisse conclure de là que ses usages ont la moindre affinité avec ceux de l'utérus. Les Allemands ont comparé le corps thyroïde à la prostate chez l'homme et à la matrice chez la femme. Le premier organe est-il, comme le veut Meckel, une répétition des deux autres au cou ? On a remarqué, en effet, que la tumeur thyroïdienne s'accroissait visiblement à l'époque des règles, pour diminuer ensuite ; mais il n'est pas nécessaire d'invoquer ces sympathies pour expliquer l'apparition du goître, chez l'homme, à l'époque de la puberté, chez la femme, pendant la menstruation et la grossesse, etc. On sait que l'aménorrhée et la dysménorrhée sont fréquemment l'occasion de congestions sanguines dans certains organes de l'économie,

tel est le poumon, l'estomac, le cerveau, etc. ; il n'est donc pas impossible de voir les mêmes phénomènes se produire dans un organe
aussi vasculaire que le corps thyroïde. Des congestions répétées
peuvent très-bien finir par changer le mode de vitalité de cet
organe.

Il faut ajouter à cela, pour expliquer encore la plus grande fréquence du goître chez la femme, la nudité du cou, l'habitude de
porter des fardeaux sur la tête, et, suivant quelques-uns, le tempérament lymphatique, prédominant dans cette portion de l'espèce
humaine.

4° Tempérament. Nous ne croyons pas que les tempéraments aient
une action aussi prépondérante sur le développement du goître,
que le pensent certains auteurs; car nous avons rencontré cette
maladie sur des sujets chez qui il faudrait une certaine complaisance
pour admettre le tempérament lymphatique. Nul doute cependant
que les individus lymphatiques soient plus souvent goîtreux ; mais ce
que je tiens surtout à combattre, c'est cette tendance à voir partout
et toujours du lymphatisme là où existe le goître.

Il n'est pas exact non plus de rendre les blonds et les blondes
plus accessibles à l'affection thyroïdienne que les bruns et les
brunes; je pourrais citer ici plus d'un exemple du contraire. J'emprunte à M. Désiré Monnier le fait suivant, dont je puis garantir
l'exactitude :

« Le village de D. est assis au bord d'une rivière assez rapide,
dans une large plaine parfaitement aérée, bordée par une forêt d'un
côté, et par un beau vignoble de l'autre. Une demoiselle de l'E. vint
l'habiter après son mariage, n'ayant aucune prédisposition héréditaire au goître; elle l'y contracta en peu d'années. Elle y mit au
monde plusieurs enfants, les uns blonds, les autres bruns; ce furent les bruns qui furent pris de l'engorgement thyroïdien, et les
blonds seuls en furent exempts. Tous s'abreuvaient de la même eau,
tirée d'un puits à l'intérieur de la clôture. Un seul des fils se livrait

à des travaux pénibles il était blond ; eh bien le bronchocèle l'a complétement épargné. » (*Observations topographiques et statistiques pour servir à l'étiologie du goître dans le département du Jura ; voyez Annuaire du Jura pour 1853, pàr M. D. Monnier, p. 357.*)

D'après ces faits positifs, on sera curieux de connaître la nature de l'eau dont cette famille faisait usage ; en voici l'analyse qualitative, telle que je l'ai exécutée et communiquée à M. D. Monnier, qui la rapporte dans son mémoire :

Le chlorure de baryum y détermine un précipité blanc instantané et fort abondant de sulfate de baryte, car il est insoluble dans les acides. L'ammoniaque y cause un trouble instantané, et un dépôt de sel de chaux et de magnésie, après vingt-quatre heures. L'oxalate d'ammoniaque précipite un sel de chaux très-copieux. Une solution de savon blanc rend la liqueur lactescente et complétement opaque ; il s'y forme des grumeaux et un dépôt caillebotté. Cette eau est donc fort mauvaise et tout à fait impropre aux usages domestiques. Je n'ai pas encore eu le temps d'en soumettre à l'évaporation lente une assez grande quantité pour y déceler la présence d'une matière organique azotée qui, d'après mes recherches, serait la véritable cause du goître endémique.

Après cette petite digression, passons à un ordre de causes accessoires qui empruntent à l'endémicité une très-grande importance.

C.

Causes occasionnelles ou excitantes.

1° *Efforts musculaires excessifs (viticulture, habitude de porter des fardeaux sur la tête).* Certains efforts musculaires sont, dans les pays endémiques, une cause secondaire évidente qui favorise puissamment la tendance de la glande thyroïde à s'hypertrophier. On conçoit, en effet, qu'un organe aussi vasculaire, habituellement congestionné par de rudes travaux, chez un individu prédisposé, ressente bien plus promptement et efficacement l'action malfaisante de l'agent générateur du goître ; il n'y aurait rien d'étonnant même que le goître se développât accidentellement chez un sujet soumis à certains genres de travaux musculaires , mais il manquerait à ce fait le caractère de généralité qu'on lui trouve dans les pays infectés de goîtres.

Parmi les travaux qui, dans ces dernières localités, paraissent agir ainsi à titre d'adjuvants, il n'en est pas de plus justement incriminés que ceux que nécessite la culture de la vigne. Mon ami le Dr Chauvin, d'Arbois, dans son excellente thèse, bien qu'écrite à un autre point de vue, a fait ressortir avec beaucoup de force ce genre d'influence, qu'on retrouve à peu près dans toutes les parties du Jura où règne le goître endémique.

Il rapporte l'observation d'une jeune fille de dix-sept ans, à traits fort réguliers, à cou irréprochable, jusqu'à l'âge de seize ans. A cette époque, elle fut retirée par ses parents d'un service de bonne d'enfant, pour passer subitement aux travaux si pénible, de la viticulture. Quatre mois après, elle se présentait au médecin avec un goître récent, assez volumineux, gênant notablement la respiration, qu'il rend bruyante ; en même temps, la face paraît bouffie et les traits du visage sont devenus grossiers. Le médecin lui conseilla de renoncer aux travaux rudes de la vigne et de se faire couturière, il lui prescrivit en même temps un traitement ; trois mois après, le goître avait disparu, la respiration était devenue libre, et les traits de la face avaient repris leur beauté primitive. (Thèse inaugurale, 1852, p. 20).

Un genre de travail qui , depuis bien des années, m'avait frappé dans le vignoble jurassien , par l'influence qu'il exerce sur les muscles et les vaisseaux du cou, c'est l'habitude qu'ont les femmes de porter de très-lourds fardeaux sur la tête , et de gravir ainsi chargées des chemins escarpés. Je n'hésite pas à attribuer à cette cause le fait de la plus grande fréquence du goître chez les femmes de ce pays-là , qui sont atteintes, relativement aux hommes, dans la proportion de 5 à 1. Je regarde même cette cause toute seule comme capable de produire accidentellement le goître à un faible degré ; et quand à cela vient s'ajouter l'influence déterminante des eaux potables, on s'explique l'énorme développement que le goître acquiert chez quelques-unes de ces femmes.

Cette habitude fâcheuse de porter d'énormes fardeaux sur la tête a été signalée aussi par plusieurs observateurs., entre autres par M. Ancelon, médecin de l'hôpital de Dieuze, dans le passage suivant d'un mémoire qu'il a publié :

«Dans toutes les localités situées à proximité d'importants coteaux de vigne, les femmes ont l'habitude de porter les fardeaux sur la tête ; les deux sexes sont obligés de gravir ou de descendre leurs sillons de vigne avec d'énormes hottes pleines de terre, d'engrais ou de fruits, appliquées à leur dos et appendues à leurs épaules au moyen d'étroites bretelles : d'où résulte pour eux une forte tension du cou, une gêne considérable de la respiration, et une extrême distension des vaisseaux de la tête. On sent tout d'abord ce que doit produire sur l'organe central des sensations cette pression funeste répétée presque chaque jour, et dans quel fâcheux état doit se trouver à la longue la circulation du sang et des autres humeurs. Ce n'est pas sans raison que l'on a pu dire : il paraît que la culture de la vigne nuit au développement et à la beauté des formes ; peut-être aurait-il fallu ajouter qu'elle joue le rôle d'un puissant auxiliaire dans la production du goître et du crétinisme. »

Un médecin des Hautes-Pyrénées, M. le Dr Rousse., a publié, dans la *Gazette des hôpitaux*, au mois de février 1853., plusieurs observations sur les causes du goître sévissant à Bagnères-de-Bigorre., à Gerde., à Asté. L'auteur attribue le goître, dans ces différentes localités, exclusivement à l'habitude qu'ont les habitants de porter des fardeaux sur la tête, et il a la bonhomie de se croire et de se publier l'inventeur de cette découverte, et d'en réclamer la priorité.

2° *Efforts de l'accouchement.* On peut rapprocher l'influence des efforts que font les femmes pour accoucher de celle dont nous venons de parler. Dans les pays endémiques, les femmes qui ont un léger commencement de goître, dont elles ignorent quelquefois elles-mêmes l'existence, masqué qu'il est par le tissu cellulaire graisseux chez celles qui ont de l'embonpoint (cou gras), ces femmes, dis-je, le voient subitement prendre un notable développement au moment de la parturition. Plusieurs d'entre elles m'ont assuré avoir senti venir leur goître très-rapidement après une première, une seconde, une troisième couche laborieuse. Quelquefois le développement de la glande thyroïde, dans ce cas, se fait avec une rapidité dont on a peu d'idée, si l'on n'en a pas été témoin.

Je me rappelle, il y a quatre ans, étant élève du service de M. Gerdy, à la Charité, d'avoir assisté à l'accouchement d'une jeune femme de dix-huit ans, primipare, couchée au n° 24 de la salle Sainte-Rose, pour une affection chirurgicale intercurrente. Le travail durait depuis plusieurs heures; quand les douleurs expulsives furent arrivées, je vis le cou de la patiente se tuméfier énormément. Malgré l'invitation de modérer ses cris, elle ne put se maîtriser, et quand l'accouchement fut terminé, la joie de la délivrance fut singulièrement contrebalancée par le chagrin de se voir un goître gros comme un œuf, dont, disait-elle, il n'existait pas trace auparavant.

Il est rare de voir la parturition développer aussi rapidement le corps thyroïde; habituellement la tuméfaction est d'abord peu sensible, et elle s'accroît les jours suivants. Cette rapidité dans l'évolution du goître, à la suite de l'accouchement, tient à une des formes anatomo-pathologiques de cette affection. En effet, chez presque toutes les femmes que j'ai examinées, et qui faisaient remonter leur goître à une de leurs couches, j'ai toujours trouvé quelques points de la tumeur paraissant offrir de la fluctuation. Il est évident que dans la plupart de ces cas j'avais affaire à des goîtres cystiques, résultant d'une sorte d'apoplexie de la thyroïde, déjà un peu hypertrophiée et congestionnée par l'action de la cause endémique.

Si je viens de m'étendre si longuement sur des modificateurs hygiéniques qu'on peut rencontrer à peu près partout, c'est qu'ils ont dans certains pays une importance très-grande ; et, sans leur accorder, comme le font beaucoup d'autres, une part exclusive dans l'étiologie, je les étudie avec grand soin, parce qu'ils impriment souvent au goître, sous le rapport de l'anatomie pathologique, des symptômes, de la gravité, et surtout du traitement, des caractères particuliers, et forment des variétés qu'il est important de reconnaître.

II.

PREUVES ÉVIDENTES DE L'ÉTIOLOGIE HYDROLOGIQUE DU GOITRE.

« Les faits qui démontrent que c'est à la qualité des eaux, dit M. le professeur Bouchardat, qu'il faut attribuer l'origine du goître, ont été observés dans toutes les parties du monde ; dans tous les pays où le goître règne endémiquement, c'est non-seulement une opinion populaire généralement établie, mais encore un résultat d'observation que chacun peut vérifier » (mémoire lu à l'Académie de médecine).

J'ai trouvé un grand nombre de témoignages à l'appui de cette influence des eaux potables, j'ai vu moi-même plusieurs faits qui ne laissent aucun doute à cet égard.

Nous allons d'abord nous assurer que ce n'est pas d'aujourd'hui que les eaux sont accusées, avec juste raison, de produire le goître. L'extrait suivant d'un vieil auteur né dans la patrie des goîtreux et des crétins aura l'avantage de nous retracer l'état de la science sur cette question à une époque déjà reculée ; il s'agit de la description du Valais par Simler (*Vallesiæ descriptio, libri duo, Josia Simlere auctore; Tiguri, excudebat Ch. Froschouerus, anno 1574*) :

« Multis strumæ nascuntur, id quidem aquarum vitiò fieri existi-
« mant; Munstero tamen hæc ratio non probatur, eo quod opulenti.
« qui rarissime aquam bibant, non minus cæteris strumosi sunt, sed.
« hoc infirmum plane argumentum est, quasi nullus sit aquarum nisi
« in potu usus, et non etiam panis et plerique cibi quibus quotidie
« utimur, aqua misceantur aut coquantur. Idem tamen scribit Styriæ
« populos strumosos esse, atque incolas causam hujus rei aquæ at-
« que aeri quibus vescantur, tribuere. Atque idem sentit Georgius
« Agricola : Aquæ, inquit, quæ infectæ sunt venis auri, argenti,
« plumbi, stibii, nervos duros efficere, contrahere, tendere, similiter
« artus pituita replere et influere solent. Ex ipsis vero aliquæ guttu-
« rosos efficiunt : ut in Norico supra uvarium nobile oppidum, quod
« hodie, ut dixi Salzburgum nominamus : atque in Alpibus duobus
« in locis in Cillera valle, quæ distat ab Oeno ad octavum lapidem,
« meridiem versus, ejus vallis incolas et habitatores nationem Medul-
« lorum Vitruvius videtur vocasse ; et in Sundera valle quæ abest a
« Curia oppido Rhetiæ circiter duodecim millia passuum. Ubi præte-
« rea fons est cujus aquæ potæ adeo lædunt cerebrum, ut stolidos
« faciant. Atque etiam in Italia Equiculis guttur intumescit aquarum,
« quas bibunt vitio. Hæc ille. In agro tigurino ad Turum fluvium,
« proxime qua Rhenum ingreditur in villa Flaach nomine, fons est
« qui gutturosos efficit, ideoque *strumarum fons nuncupatur*. Ac
« quod Vallesianos spectat in quibusdam pagis complures gutturosi
« inveniuntur in aliis prorsus nulli, in quibusdam pauci admo-
« dum, » etc.... (L'ouvrage d'où ce passage est extrait se trouve à
la bibliothèque de l'Institut.)

De nos jours, l'opinion générale est encore la même qu'au temps
du médecin Simler ; parmi de nombreux faits bien observés, je n'aurai que l'embarras du choix. Commençons par ceux qui nous sont
propres ou dont nous avons pu vérifier nous-même l'exactitude.

Sur une population de 788 habitants, le village de Baume (Jura) compte environ 76 cas d'hypertrophie du corps thyroïde, depuis le volume d'un œuf jusqu'à celui de la tête ; mais ces derniers cas sont rares, généralement le goître se maintient dans des dimensions dépassant rarement la grosseur du poing et affectant les formes les plus variés. La statistique de ces 76 cas, que j'ai faite avec beaucoup de soin, en les répartissant par quartiers pour mieux apprécier l'influence de plusieurs sources fournissant des eaux à des parties différentes d'un même village, m'a permis d'arriver à ce résultat : les deux tiers des sujets atteints de l'affection thyroïdienne font usage de l'eau de la Seille, petite rivière qui prend son origine à peu de distance des habitations. Or je démontrerai, dans une autre partie de cette thèse, que l'eau de la Seille renferme précisément quelque principe nuisible auquel l'observation, l'analogie, etc., me permettent de rapporter l'étiologie du goître.

Bleigny, près de Salins, est un hameau qui comptait encore un très-grand nombre de goîtreux il y a quinze ans ; à cette époque, une fontaine nouvelle fut créée, et dès lors on vit l'endémie diminuer d'une manière notable. Ce fait, qui m'a été attesté par un parent habitant cette localité, est d'autant plus remarquable qu'une route de deuxième classe, qui traversait ce village, en a été détournée, il y a environ dix ans, pour suivre une autre direction, afin d'éviter une montée trop rapide.

Montaigu est un village situé au-dessus de Lons-le-Saulnier, à une très-grande hauteur au-dessus du niveau de la mer ; cette commune est ouverte à tous les vents, cependant on y rencontre des goîtreux en grand nombre. Ne faut-il pas évidemment en rattacher la cause aux eaux potables plutôt qu'à la situation topographique de ce pays ? car on n'y rencontre aucune des causes qui ont été invoquées comme capables de produire la maladie thyroïdienne.

Dans un mémoire inséré dans l'*Annuaire du Jura*, M. le Dr Germain, de Salins, cite un grand nombre de faits où l'usage de certaines eaux paraît bien évidemment déterminer le goître.

« La petite ville de Nozeroy (Jura), dit-il, est située sur une

montagne néocomienne, exposée à tous les rhumbs des vents ; elle
s'élève, au milieu d'un bassin, à 780 mètres au-dessus de la Médi-
terranée. Le goitre endémique y est inconnu. En 1837, 16 élèves
étrangers à ce pays en furent atteints spontanément après leur arrivée au petit séminaire de cette ville ; ils avaient fait, comme leurs
condisciples, un usage continuel de l'eau d'un puits creusé dans la
craie néocomienne. A l'analyse, il fut reconnu qu'elle contenait une
très-grande quantité de chaux carbonatée. Cette boisson fut supprimée et remplacée par l'eau légère et pure de la fontaine publique qui sourd du calcaire néocomien, doué d'une grande porosité ;
dès lors on ne se plaignit plus de pareil accident au petit séminaire de Nozeroy. »

Le petit village de Saint-Michel, sur la route de Salins à Arbois,
toujours d'après M. Germain, fait ressortir d'une manière incontestable l'influence de certaines eaux sur la génération du goitre. En
effet, une partie du village à gauche de la route possède une fontaine jaillissante qui sort de l'oolithe inférieure. Celle du côté op-
posé vient du Keuper, et plusieurs cas d'hypertrophie thyroïdienne,
signalés dans cette seconde partie du village, sont entièrement
étrangers à la précédente...

Le même auteur cite encore les deux villages de Saizenay et d'A-
laize, très-rapprochés, situés au-dessus des monts, bien aérés, et
dans des conditions hygiéniques toutes semblables ; cependant le
goitre se rencontre fréquemment à Saizenay, et fait complétement
défaut à Alaize. Cette différence ne saurait venir que de la nature
des sources. La fontaine publique d'Alaize s'échappe d'un rocher
corallien, après avoir filtré à travers les marnes d'Oxford ; l'eau de
Saizenay est sélénitieuse. (*Études hydrogéologiques sur les causes du
goitre endémique qui règne en bas du versant occidental de la première
chaîne du Jura, de Salins à Lons-le-Saunier ; par M. le Dr Germain ;
Annuaire du Jura, 1848.*)

J'ai visité les localités qui, au témoignage de M. Germain, présentent cette preuve irréfragable de l'influence des eaux, et j'ai pu

en constater l'exactitude. Je pourrais ajouter encore d'autres exemples. Mais, soit qu'ils n'aient pas encore été complétement observés, soit que quelques faits contradictoires donnent matière à
objections, j'aime mieux attendre qu'un plus long séjour dans le
pays me permette de débrouiller l'obscurité que présente quelquefois cette question difficile; car le problème en certains lieux se
trouve singulièrement compliqué. Il arrive, par exemple, que les
eaux potables fournies à toute une population par les fontaines d'un
village paraissent excellentes, et cependant les goîtreux s'y rencontrent disséminés en grand nombre. Mais, si l'on ne se contente pas
d'une observation superficielle, on s'aperçoit bien vite que les habitants tirent leur goître de quelques mauvaises sources au milieu
des champs, où les appellent les travaux de la culture pendant une
grande partie de l'année.

« Un vaste champ, dit le Dr Germain, s'ouvre aux recherches » de
l'étiologie hydrologique du goître « au pied du versant occidental de
la grande falaise jurassique. Parcourez les villes et villages qui se
multiplient le long de la zone viticole de ce département; partout
le goître viendra frapper vos regards, surtout dans la classe laborieuse des vignerons d'Arbois, de Poligny, de Lons-le-Saunier,
à côté des affleurements keupériens. Vous suivez les traces de
cette difformité morbide à Courbouzon, Montmozat, Savagnat,
l'Étoile, etc.

« Mais s'il est un lieu dans le Jura où l'endémicité de cette maladie est plus générale, en même temps qu'elle est en rapport plus
manifeste avec la nature du sol et des eaux, c'est sans contredit
près d'Arbois, au village de Grozon, lieu célèbre autrefois par
l'importance de ses salines. Cette commune est placée au fond d'un
petit bassin gypseux, dans lequel on a découvert dernièrement le sel
gemme à 83 mètres de profondeur. Les deux tiers des habitants
sont goîtreux et boivent exclusivement des eaux saturées de sulfate
de chaux. »

Si maintenant nous faisons une excursion dans d'autres pays, nous trouvons partout le même témoignage rendu par des auteurs dignes de foi.

Le Dr Sylvoz (thèse inaugurale, 1820, n° 19,) rapporte l'opinion de Bally, d'après les recherches duquel le bronchocèle paraît provenir des eaux crues, dures et limpides, à l'abri de l'influence salutaire du soleil et de la longue action de l'air, comme celles qui sourdent du creux des rochers, des montagnes, ou des entrailles de la terre, et que l'on boit peu de temps après leur issue. « Il est si vrai, dit-il, que le goître est produit par la qualité des eaux, et non par l'humidité et le resserrement de l'air dans les vallées, comme quelques auteurs le prétendent, qu'il y a des fontaines dans mon pays dont l'usage de l'eau pendant seulement huit jours produit ou augmente cette tumeur. Ceux des habitants du même village qui ne boivent pas des eaux de ces fontaines, dont ils sont éloignés d'une portée de fusil, mais de celles d'un ruisseau, ne sont nullement affectés de goître et n'ont point une disposition à l'idiotisme ; cependant ils sont également adossés à la même montagne, et l'air est absolument le même en ces lieux.

« Le bourg où je suis né, dit le Dr Sylvoz (Grési, sur l'Isère, en Savoie), est bâti sur le penchant méridional et à la base d'une haute montagne. Deux fontaines fournissent aux besoins des habitants. Les eaux de la première jaillissent du roc même ; elles sont crues, limpides, extrêmement froides, même pendant les plus fortes chaleurs de l'été. Parmi ceux qui en font constamment usage, un grand nombre deviennent goîtreux. Celles de la seconde sortent d'une terre argileuse ; elles sont douces, d'une température moyenne, agréables à boire ; elles n'ont jamais occasionné, du moins à ma connaissance, la maladie dont nous nous occupons. Ainsi, tout en adoptant le sentiment de M. Fodéré sur l'influence d'une atmosphère chaude et humide, je suis porté à croire que la nature des eaux entre pour beaucoup dans le développement du goître. » (Loc. cit.)

5

Sans nous arrêter ici aux explications et aux appréciations de l'auteur, l'essentiel pour nous, c'est ce contraste frappant qui existe entre l'effet produit par l'usage d'une eau potable et celui d'une autre eau provenant d'une source voisine, sur un point limité du même territoire.

C'est surtout en Piémont et dans les pays limitrophes que l'on trouve de ces exemples remarquables de sources nuisibles opposées à d'autres sources salubres incapables de nuire à la santé des habitants.

La commission de Sardaigne, dont les travaux méritent des éloges, et qui est loin cependant de reconnaître l'nfluence exclusive des eaux potables, cette commission, dis-je, ne peut s'empêcher de reconnaître que, dans les lieux les plus infectés, les eaux sont de très-mauvaise qualité; c'est à ces eaux, qui sourdent pour la plupart des *terrains calcaires*, qu'on attribue généralement le goître; on assure même que les jeunes gens en font quelquefois usage dans l'espoir de s'exempter du service militaire (voy rapport de la commission du roi de Sardaigne Charles-Albert, p. 168; Turin, 1848).

M. Grange rapporte qu'il a vu dans la Tarentaise et la Maurienne de ces sources auxquelles on attribue la propriété de développer le goître en peu de temps, et qu'il connaît des hommes qui, aimant mieux porter une infirmité que l'habit militaire, ont pris en quelques mois un goître assez volumineux pour se faire réformer (*Archives des missions scientifiques*, cahier du mois de décembre 1850).

Entre un grand nombre de faits cités dans le même recueil et reproduits dans le remarquable rapport de M. le professeur Bouchardat, je me contente de rapporter les suivants :

« A Montmeillan, dans la basse ville, tant qu'on se servait pour boisson d'eau de puits creusés dans les alluvions, les goîtres étaient très-communs. On a remplacé les eaux de puits par les eaux d'Arbin, qui proviennent de calcaires oxfordiens, et depuis cette époque, les cas de goître qu'on observait dans cette ville sont devenus assez rares pour qu'on puisse dire que ces affections ne s'y montrent plus.

« D'après Mᵍʳ Billiet, archevêque de Chambéry, les eaux tufeuses sont généralement accusées de donner le goître; les eaux de Mont-Vernis et de Villart-Clément ont, sous ce rapport, une célébrité acquise par des faits nombreux. Au Puiset, sur dix-huit familles, l'une a une citerne, les autres s'abreuvent à de mauvaises eaux ; la première est saine, toutes les autres sont gravement atteintes de goître. (Voy. *Recueil de la Société académique de Savoie.*)

« A Saint-Jean-de-Maurienne, il est bien connu que les eaux dites de Bourieux entretiennent le goître dans la rue du même nom, tandis que la fontaine de la Pierre passe pour être très-saine.

« La petite commune de Saint-Jean-Pied-de-Gauthier n'a ni goître ni crétinisme, tandis que tous les villages voisins en sont atteints. On attribue cette exception à l'usage d'une eau légèrement ferrugineuse.

« A Villart-Sallet, on assure que les étrangers prennent tous le goître la première ou la seconde année, et l'on attribue cette affection à la qualité de l'eau.

« M. Duclos, médecin de l'hospice des aliénés du Béton, cite un village où le goître augmente en été et diminue en hiver. Pendant cette dernière saison, on puise l'eau à un courant qui descend de la montagne ; en été, le courant étant à sec, on va à une mauvaise source qui sort à quelque distance des habitations. »

On trouve le goître sous toutes les latitudes et dans les climats les plus divers. Les meilleurs observateurs qui ont étudié la cause de cette affection dans les contrées le plus éloignées n'ont pu s'empêcher d'accuser les eaux potables.

Ainsi M. Boussingault, dans ses recherches sur l'étiologie du goître dans la Cordillère de la Nouvelle-Grenade, a vu que l'eau est la seule chose qui dispose au goître dans ces localités.

Parmi les faits nombreux qui indiquent l'action de certaines eaux je citerai celui qu'a rapporté un chirurgien très-distingué de l'armée du Bengale, M. Mac-Clelland, qui a passé plusieurs années dans la vallée de Shore, qui a construit une carte géologique de cette contrée, où il a fait une étude très-intéressante sur les circonstances dans lesquelles se développe le goître. Il a étudié, sous ce rapport, quarante villages habités par trois classes d'Indiens, qui ne diffèrent en rien sous le rapport des mœurs, de l'aisance, et qui se nourrissent exactement de la même manière : les Brahmines, les Rajpoots et les Domes. Les Brahmines et les Rajpoots sont toutefois de classe supérieure aux Domes ; leur croyance impose à ces sectes l'usage de sources ou de fontaines particulières, et c'est une obligation rigoureuse pour les Domes.

Le pays est composé de schistes argileux et de calcaires magnésiens. Tous les villages situés sur les terrains schisteux, et qui font usage d'eaux provenant de ces mêmes roches, sont à l'abri du goître ; tous ceux qui boivent des eaux provenant des calcaires magnésiens en sont atteints... Voici surtout un exemple bien net nous révélant l'influence de cet usage exclusif de certaines eaux.

Dans le village de Deota, on a des eaux incrustantes de très-mauvaise qualité ; les Domes, qui s'en servent exclusivement, ont tous le goître. Les Brahmines, qui boivent de l'eau provenant d'un aqueduc construit à grands frais, ne présentent pas un seul cas de cette affection. Les Rajpoots partageaient cette immunité ; mais, les malheurs de la guerre ne permettant pas d'entretenir l'aqueduc, son mauvais état est tel qu'il ne peut alimenter à la fois les Brahmines et les Rajpoots, et depuis que ceux-ci ont été obligés de recourir aux eaux du village, le goître a fait parmi eux de nombreuses victimes. (Voy. *Archives gén. de méd.*, 3ᵉ série, t. 6, p. 418 : *Some inquiries in the province of Kemaon, relative to geology ; including an inquiry on the causes of goître ;* Calcutta.)

Après les faits si précis que nous venons de rapporter, il serait inutile, je crois, d'en citer un plus grand nombre ; je vais terminer cette énumération par deux exemples appartenant, l'un à M. le professeur Bouchardat, l'autre à M. Ferrus.

M. Bouchardat rapporte deux faits de sa pratique qui sont d'une grande portée dans la question qui nous occupe : « Consulté, dit-il, par deux personnes atteintes l'une et l'autre d'un commencement de goître, j'appris que l'une et l'autre buvaient habituellement de l'eau d'un puits dont l'eau était impropre à cuire les légumes. Je fis cesser immédiatement l'usage de cette eau, et je la fis remplacer par celle d'une fontaine d'une qualité excellente, reconnue à la fois par l'analyse et par un long usage. Cette seule précaution, aidée pendant quelque temps de l'usage intérieur de poudre d'éponge, suffit pour faire disparaître ces deux infirmités. » (Mémoire cité.)

M. Ferrus, inspecteur général des aliénés, etc., dont l'opinion est loin d'être favorable à l'action prépondérante des eaux potables dans la production du goître, ne peut, malgré sa manière de voir opposée, se refuser à reconnaître dans certaines localités l'évidence des faits ; c'est ainsi, que dans son remarquable mémoire à l'Académie de médecine, il rapporte plusieurs observations favorables à notre thèse (*Mémoire sur le goître et le crétinisme,* dans *Bulletin de l'Académie de médecine,* t. 16, p. 200).

« A Saillon, dit-il, qui s'élève à la droite du Rhône, et domine les terrains marécageux que les débordements de ce fleuve alimentent, on ne trouve, parmi les individus nés et élevés dans ce village, ni fièvres intermittentes, ni goîtres, ni crétinisme ; on constate même parfois que les goîtreux y guérissent, et que l'état des crétins s'y améliore, quand on les y transporte encore en bas âge.

« L'opinion générale rattache cette influence favorable du village de Saillon à l'emploi de l'eau potable fournie par un petit torrent auquel se relie une source d'eau thermale d'une saveur atramontaire et que l'on croit ferrugineuse. »

Le village d'Andressein, dans les Pyrénées, au rapport de M. Ferrus, est assis au fond d'une vallée, sur un sol d'alluvion, au confluent de deux torrents, le Lez et la Bouigane. Le Lez, qui part de la vallée de Biros, donne à la consommation une eau claire, attrayante et salubre. La Bouigane, qui, avant d'atteindre Andressein, traverse la vallée à laquelle la durée de son parcours et la magnificence de ses prairies ont valu le surnom de Belle-Longue, est loin d'offrir une égale limpidité. Ses eaux, dont le cours est infiniment moins rapide que celles du Lez, et s'écoulent sur un fond schisteux, sont louches, troubles, et, pendant l'été, presque tièdes. Elles contractent en peu de temps, dans les pots de terre où on les renferme, une saveur vaseuse très-prononcée, et elles semblent fades lorsqu'on les boit dans leur lit même. Andressein, d'après M. Ferrus, est incontestablement le village de toute la vallée le plus maltraité par le goître et le crétinisme. «J'ai été, dit-il, je l'avoue, frappé du rapport qui existait ici entre l'emploi d'eaux plus ou moins pures et l'absence, la rareté ou le développement excessif de ces deux maladies. En effet, la partie d'Andressein située sur les bords de la Bouigane semble évidemment moins salubre que celle placée en regard de Castillon et occupant les bords du Lez. La population riveraine de la Bouigane, qui fait presque exclusivement usage de ces eaux, m'a paru en général plus chétive et d'un aspect plus souffreteux que celle qui habite la partie opposée du village; on y rencontre plus de goîtreux et un plus grand nombre de crétins.»

Il est vrai que M. Ferrus s'efforce d'atténuer son observation en faisant intervenir des considérations d'humidité plus grande, de ventilation moindre; mais le fait qu'il rapporte n'en reste pas moins un hommage rendu à la vérité, et dans sa bouche il acquiert une valeur incontestable; c'est pourquoi je n'ai pas voulu le passer sous silence, sans rien préjuger encore sur la question bien autrement importante de la recherche de la substance qui, dans les eaux, engendre le goître, travail critique et d'observation qui va nous occuper longuement, et pour lequel nous réclamons toute l'indulgence de nos juges et de nos lecteurs.

III.

QUEL EST DANS LES EAUX POTABLES L'AGENT GÉNÉRATEUR DU GOITRE?

Nous avons établi par des faits, par des témoignages irrécusables, que l'étiologie du goître est tout entière dans l'usage de certaines eaux, chez les populations où cette affection est endémique. Toutes les autres causes qui ont été signalées ne sont que des adjuvants, des causes occasionnelles favorisant l'action de la cause principale, sans laquelle l'endémie n'existerait pas. L'âge, le sexe, le tempérament, l'humidité, etc. etc., favorisent l'agent spécifique, jouent le rôle d'une terre préparée à le recevoir, où rien ne gênera sa germination. Ceux qui considèrent ces circonstances secondaires comme des causes efficientes tombent dans la même erreur que le médecin qui ne verrait rien au delà des causes banales dans les grandes épidémies qui déciment périodiquement l'espèce humaine, tel que le choléra, qui nous visite aujourd'hui pour la troisième fois.

Les affections endémiques ont cet avantage pour l'étude d'être toujours là présentes devant le médecin qui les observe. Il peut comparer les localités, varier ses expériences; en un mot, ce sont des maladies toujours saisissables. Leur étiologie ne pourra échapper longtemps aux progrès de la science, à la perfection des méthodes d'investigation; déjà le cercle des circonstances étiologiques se restreint de jour en jour. On a vu que l'influence de la localité domine toujours la question du goître.

Mgr Billet, archevêque de Chambéry, bien connu par ses nombreux travaux scientifiques, est le premier qui ait établi l'influence du sol sur la production du goître et les rapports de cette maladie avec la nature des terrains. M. Grange a mis en relief ce fait, qui peut être accepté comme démontré : il est certaine nature de sol où l'on trouve exclusivement le goître.

Ce sont dans les marnes gypseuses dolomitiques. Elles peuvent se rencontrer dans diverses conditions :

1° Dans les marnes du lias;

2° Dans les terrains métamorphiques;

3° Dans les terrains d'alluvion qui contiennent des débris de ces terrains.

Or, comme la constitution des eaux est toujours liée à la constitution du terrain, c'est dans les eaux potables qu'il faut rechercher la cause du goître. La commission sarde, malgré l'évidence des faits, a rejeté l'influence des eaux. Mais cette commission, comme le fait remarquer M. Bouchardat, n'a fait que des analyses très-incomplètes; et encore M. Grange a appris, à Turin, que jusqu'au dernier moment l'opinion générale de la commission avait été celle de Mgr l'archevêque de Chambéry, qui attribue le goître à l'influence des terrains, et que ce n'est qu'à l'instant où le secrétaire a rendu compte de son travail, qu'une faible majorité s'est ralliée à une opinion contraire. On trouve, dans le rapport de cette même commission, les faits que nous avons cités, et qui prouvent d'une manière évidente l'action des eaux dans la question qui nous occupe.

Si on peut réussir, au moyen des eaux, à produire un goîtreux, le problème est résolu : or ce fait existe.

Mais c'est quand il s'agit de dire ce qui dans l'eau donne le goître, que les opinions commencent à diverger; jusque-là le plus grand nombre des observateurs d'aujourd'hui est d'accord.

1° Les sels minéraux en solution dans les eaux potables sont-ils la cause du goître endémique ?

La magnésie. M. Grange, en voyant constamment le goître accompagner les terrains magnésiens, a cru pouvoir considérer les sels de magnésie comme les seules substances auxquelles on puisse attribuer le développement du goître; mais, comme le fait remarquer M. Élie de Beaumont, dans le passage que nous citons plus loin, et qui termine son remarquable rapport sur les recherches de M. Grange, il reste à savoir si, indépendamment de la magnésie, il n'existe pas dans ces mêmes eaux un autre principe qui jusqu'ici aurait échappé aux analyses.

M. Bouchardat conseille à M. Grange d'expérimenter directement la magnésie, comme il a fait lui-même; et jamais il n'a vu, sous l'influence de cette substance, augmenter là glande thyroïde.

J'ai conseillé, moi aussi, à des malades habitant un foyer endémique, et par conséquent prédisposés au goître, la magnésie et son carbonate; j'ai administré en autre ce dernier sel à la dose de 2 à 3 grammes, et pendant longtemps, à une fille de la campagne qui avait les mains et les pieds couverts de verrues et d'excroissance cornées, et cela sur la foi d'un journal médical belge, dont l'auteur affirme s'être bien trouvé du carbonate de magnésie dans trois cas de cette sorte de diathèse verruqueuse. Les verrues, pas plus que le corps thyroïde, ne m'ont paru modifiés sous l'influence de ce traitement empirique.

«Il est, dit M. Bouchardat, des personnes qui usent journellement et pendant des années, pour ainsi dire, pour unique boisson, de l'eau de Seltz naturelle; cette eau contient près d'un demi-gramme de sel de magnésie. Je n'ai pas appris que ces eaux aient été accusées de produire le goître.

«Les eaux du canal de l'Ourcq, où M. Vauquelin et moi, nous avons, en 1827, constaté l'existence des sels magnésiens, en renferment plus d'un décigramme par litre; je n'ai rien appris qui pût nous faire penser que l'usage habituel de ces eaux ait prédisposé au goître les habitants de Paris. Plusieurs affluents de ce canal, d'après les belles analyses de MM. Boutron et Henry, contiennent des proportions beaucoup plus élevées de sels magnésiens, et le goître n'est pas endémique dans les localités que traversent ces eaux..... Nos vins et nos aliments sont riches en magnésie. » (Loc. cit.)

M. Maumené signale l'absence des sels de magnésie dans l'eau de
la Vesle, près de Reims, pays goîtreux. «Si la Vesle, dit-il, renferme
presque tous les sels ordinairement dissous dans les eaux de rivière,
elle est exempte de magnésie, dont l'absence est digne d'attention.» L'analyse n'a pas permis à l'auteur d'y constater une quantité appréciable de cette terre.

M. Niepce, médecin inspecteur des eaux sulfureuses d'Allevard,
qui s'occupe avec persévérance de poursuivre la cause du goître,
fait remarquer l'absence des sels de magnésie dans plusieurs sources
de pays goîtreux qu'il a analysées : ainsi à Coise, où il y a deux
sources, dont la première donne, dit-on, le goître, et la seconde
le guérit, on voit par l'analyse que celle qui est réputée donner le
goître contient du carbonate de chaux, $=0,166^{mm}$; du sulfate de
chaux, $= 0,049$; du chlorure de calcium, $= 0,009$; plus de l'acide
carbonique, etc. : les sels de magnésie n'y sont nullement signalés.
La source qui est censée guérir le goître contient :

Carbonate de chaux......	0,680
Sulfate de chaux........	0,027
Chlorure de sodium......	0,028
Chlorure de *magnesium*...	0,035

M. Niepce cite un certain nombre d'exemples semblables ; comme
je n'ai aucune raison de soupçonner la probité scientifique de cet
auteur, j'ai lieu de croire vrais les résultats auxquels il est parvenu.

Dans un travail des plus remarquables sur les eaux de la ville de
Rhodez, et qui peut servir de modèle du genre, M. Blondeau, professeur de chimie au lycée, a trouvé que les eaux des puits de cette ville
contiennent en moyenne cinq fois plus de magnésie que les eaux
de la vallée de l'Isère analysées par M. Grange, et cependant les
maladies endémiques, telles que le goître, le crétinisme, sont complétement inconnues dans le chef-lieu de l'Aveyron.

M. Dejean, pharmacien à Arbois, a fait, sur la demande du Dr Chauvin, l'analyse de quatre sortes d'eaux potables appartenant à quatre

localités différentes du Jura : deux dans la zone goîtreuse, et deux en dehors de cette zone :

1° A un pays de plaine non goîtreux (Dôle) ;

2° A un pays de montagnes non goîtreux (Nozeroy) ;

3° Au canton de Voiteur, le plus goîtreux de tout le Jura (Blois) ;

4° A la ville d'Arbois, pays goîtreux.

Il a trouvé de la magnésie dans toutes ces eaux ; et, par une coïncidence digne de remarque, c'est précisément l'eau du pays le plus goîtreux, n° 3, qui renferme le moins de magnésie.

« Toutes ces eaux contiennent des traces de fer, du carbonate de chaux, du sulfate de la même base, et de la magnésie. Les eaux n°⁸ 1, 2 et 4, sont identiques, c'est-à-dire se composent toutes, à de très-légères différences près, des substances suivantes, par ordre décroissant de quantité : carbonate et sulfate de chaux, magnésie, fer. L'eau n° 3 contient une très-forte proportion de carbonate de chaux, plus de fer et moins de magnésie que les précédentes. »

Moi aussi, j'ai trouvé de la magnésie dans toutes les eaux que j'ai analysées sur le parcours de la Seille, aussi bien dans la zone goîtreuse qu'en dehors de cette zone ; car, après avoir précipité les sels de chaux et filtré, le phosphate d'ammoniaque versé dans la liqueur m'a toujours donné un léger dépôt pulvérulent et cristallin, quelquefois à peine sensible, d'autres fois plus considérable. Mais je n'ai jamais remarqué que sa quantité fût proportionnelle au chiffre des goîtreux.

Tout en reconnaissant le mérite incontestable des recherches de M. Grange, je crois qu'il s'est exagéré l'influence de la magnésie. Je suis confirmé dans cette opinion par le dépouillement de plus de trois cents analyses d'eaux potables, dans les pays les plus divers, consignées dans l'Annuaire des eaux de la France. La comparaison de toutes ces analyses m'a amené à ce résultat, que les sels magnésiens ne sont pour rien dans la production du goître, quelle que soit, du reste, la coïncidence de cette maladie avec les terrains magnésiens, fait dont je n'infirme nullement l'exactitude.

Le *sulfate de chaux*. Sous le nom d'eaux crues, d'eaux séléniteuses, c'est ce sel que l'on a surtout en vue quand il s'agit de qualifier de mauvaises eaux ; de nombreux observateurs lui ont rapporté la cause du goître. Mᵍʳ Billet a remarqué que c'est dans le voisinage des terrains gypseux que l'on rencontre les communes le plus cruellement ravagées. Une circonstance qui semblerait donner de la force à cette opinion, c'est que l'on rencontre presque toujours le gypse accompagnant les terrains magnésiens.

M. le Dʳ Germain (mémoire cité), en voyant partout dans le Jura les affleurements keupériens coïncider avec l'endémie goîtreuse, regarde le sulfate de chaux ou gypse comme jouant un grand rôle dans le développement pathologique du corps thyroïde. Dans une note plus récente, il semble moins affirmatif à l'endroit du sulfate de chaux : « J'attribue, dit-il, la cause de cette maladie à la boisson habituelle d'eau chargée de sels à base terreuse, tels que le carbonate et le sulfate de chaux, celui de magnésie, ou à la prédominance de l'un ou de l'autre de ces sels calcaires ou magnésiens, » etc.

Il y a quelques années, M. le professeur Bouchardat avait pensé que le goître pouvait être dû au sulfate de chaux. Dans son rapport à l'Académie de médecine, l'innocuité de ce sel ne lui paraît pas encore parfaitement démontrée ; cependant, dans son cours d'hygiène en 1853, il a déclaré que les observations relativement aux eaux séléniteuses étant encore fort incomplètes, on ne pouvait rien décider sur ce point.

Tout en reconnaissant que les eaux saturées de sulfate de chaux sont de toutes les plus mauvaises et impropres aux usages domestiques, je ne puis leur accorder aucune valeur dans la pathogénie du goître ; il existe, en effet, des terrains où les dépôts gypseux sont très-abondants et où cette maladie est inconnue : aucun pays n'est mieux pourvu en ce genre que Paris et ses environs, les eaux des puits de cette ville contiennent une énorme proportion de sulfate de chaux. Je sais bien qu'on m'objectera qu'il n'est fait aucun usage de ces eaux pour la boisson ordinaire. Cela est vrai, les Parisiens ne boivent pas trop ces eaux-là sous leur forme originelle ; mais il n'y a qu'à consulter le *Dictionnaire des falsifications des substances alimentaires*, par M. Chevalier, pour se convaincre que les deux tiers de la consommation de détail du vin, dans cette capitale de la civilisation, sortent des puits des falsificateurs, qui ont besoin de l'ombre de leurs caves pour leurs coupables manipulations. Si quelqu'un doutait de ce que j'avance, qu'il consulte les analyses de ces vins, où figure le sulfate de chaux dans une énorme proportion ; et cependant, si le vin de Paris n'a pas toutes les qualités hygiéniques désirables, ce n'est pas sur le corps thyroïde qu'il paraît porter son action malfaisante.

Les observations faites dans d'autres pays viennent confirmer l'innocuité du sulfate de chaux relativement au goître. Les eaux de Mulhouse, analysées par M. Achille Penot, contiennent une énorme quantité de *sulfate de chaux*, de carbonate de chaux, de chlorure de calcium, à tel point que les habitants sont obligés d'acheter l'eau pour le savonnage. Cependant, sous le rapport hygiénique, M. Penot ne croit pas que les eaux de Mulhouse puissent présenter d'inconvénient sensible ; il pense que les mauvais effets de ces eaux n'ont lieu que sur les personnes qui les boivent pour la première fois. Néanmoins il remarque qu'elles ont un goût douceâtre, peu agréable, et laissent beaucoup de dépôt dans les vases où on les conserve ; mais l'essentiel pour nous, c'est qu'on ne voit pas, à Mulhouse, l'usage de ces eaux occasionner le goître.

Si notre expérience personnelle peut être de quelque poids dans la balance, voici des faits qui ne nous laissent aucun doute sur le compte des eaux séléniteuses. En dehors de la zone goîtreuse du bassin de la Seille, nous trouvons dans les eaux de Blettrans une forte proportion de sulfate de chaux. L'eau d'un puits alimentant la pompe principale de ce bourg nous a donné un trouble instantané par le chlorure de baryum ; au bout de quelques heures, il s'était formé un précipité blanc abondant, vu la petite quantité de liquide essayé, et insoluble dans l'acide azotique ; la solution de savon y détermine un précipité caillebotté très-prononcé.

Deux litres de cette même eau évaporés n'ont commmencé à déposer leurs matériaux solides que vers la fin de l'évaporation, ce qui prouve que la plus grande partie des sels sont des sulfates ; elle avait en outre une saveur fade.

Nous avons obtenu le même résultat avec l'eau de Desne, village voisin du précédent, et où l'endémie goîtreuse fait également défaut.

L'analyse qualitative dans les villages de la zone goîtreuse, en remontant le cours de la Seille, ne nous a fait découvrir que des traces de sulfate de chaux à Voiteur et à Nevy. A Baume, l'analyse quantitative de M. Chapelle ne porte pas le sulfate de chaux à plus de 4 milligrammes par litre, proportion très-minime comparée au carbonate de chaux et aux autres sels.

Carbonate de chaux, acide carbonique. Peu d'observateurs se sont élevés contre ce sel et contre cet acide dans la question du goître ; cependant M. John Mac-Clelland, dans ses belles recherches sur les causes de cette endémie dans l'Inde, est arrivé à cette conclusion, que le développement du goître est déterminé par la présence dans l'eau du carbonate calcaire.

Il a vu dans le pays de Shore (Indoustan) la fréquence du goître coïncider d'une manière si constante avec la présence de roches calcaires, qu'en étudiant les caractères de ces roches, on peut dire *a priori* si les habitants sont ou non affectés de cette difformité. Dans les lieux où elle existe, l'analyse chimique lui a fait constater dans les eaux de l'acide carbonique, du carbonate de chaux, de fer, du chlorhydrate de baryte? Il n'a pas trouvé une seule exception à sa théorie dans toute l'immense étendue des montagnes qu'il a visitées. (*Archives gén. de méd.*, 3ᵉ série, t. 6, p. 418.)

Un médecin du Soissonnais, le Dʳ Chocus (thèse inaugurale, 1847, n° 200), part de l'observation de l'auteur anglais pour attri-

buer à l'acide carbonique un rôle important dans la boisson journalière des eaux calcaires. Il agirait là en se substituant à l'air ou à
l'oxygène, dont l'absence, dans la théorie de M. Boussingault, est
la cause du goitre; car, lorsqu'un gaz quelconque est dissous dans
l'eau, l'air contenu dans ce liquide se trouve en moindre quantité
que s'il eût été seul. Ainsi, suivant cette théorie, l'acide carbonique,
se rencontrant dans certaines eaux, devient la cause de leur désoxygénation, et comme c'est le cas de toutes les eaux calcaires de
ne pouvoir dissoudre le carbonate de chaux qu'à la faveur d'un
excès d'acide carbonique, c'est à ce gaz qu'il faut attribuer la désoxygénation de l'eau, et partant la cause du goitre.

Je n'aurai pas de peine de disculper l'acide carbonique et les carbonates calciques et autres de l'accusation de produire l'hypertrophie du corps thyroïde. Tous les chimistes modernes s'accordent à
reconnaître l'utilité de certains sels dans les eaux potables; une eau
chimiquement pure serait impropre aux usages de la vie. A la tête
des sels utiles, nous trouvons partout inscrit le carbonate de chaux,
qui passe à l'état de bicarbonate, ne pouvant se dissoudre qu'à la
faveur d'un excès d'acide carbonique.

« Le bicarbonate de chaux, dit M. Guérard (thèse du concours
d'hygiène, 1852), tant qu'il ne dépasse pas la dose de $^5/_{10000}$, est
regardé comme un élément utile dans certaines conditions de la digestion stomacale; il agit alors à la façon du bicarbonate de soude. »
Les bonnes eaux doivent contenir en dissolution de l'air, du bicarbonate de chaux, des chlorures, iodures alcalins, de l'alumine,
de la silice et de l'oxyde de fer; mais la proportion de matières
fixes ne doit jamais dépasser un demi-millième.

M. Guérard est moins généreux que M. Dupasquier, de Lyon, qui
regarde le bicarbonate de chaux non-seulement comme utile, mais
comme nécessaire, tant qu'il n'est pas en assez forte proportion
pour rendre les eaux incrustantes; les effets thérapeutiques de ce
sel, effets bien connus des médecins, expliquent d'ailleurs l'utilité
de sa présence dans les eaux potables. L'emploi des yeux d'écrevisse,

de la craie, etc. etc., dans les embarras gastriques, les aigreurs des premières voies, pour saturer les acides de l'estomac, ne laisse aucun doute à cet égard. Le bicarbonate de chaux des eaux potables est décomposé, comme les bicarbonates alcalins, par l'acide du suc gastrique, avec dégagement d'acide carbonique; il opère de même que ceux-ci, en saturant les acides de l'estomac et en stimulant sa membrane muqueuse par l'acide carbonique qu'il laisse dégager en se décomposant. Rien n'est donc plus certain et plus évident que l'action utile de ce sel dans l'acte de la digestion.

Je passe sous silence les autres substances minérales que l'on trouve habituellement dans les eaux potables, personne n'ayant songé à les incriminer : elles sont trop universellement répandues; du reste, quelques-unes même, faisant partie de nos solides et de nos fluides, doivent se trouver nécessairement dans nos aliments et nos boissons.

2° Le goître est-il dû à la soustraction de certains principes des eaux potables?

Je passe maintenant à l'opinion des savants qui regardent le goître endémique comme le résultat de l'usage d'eaux privées d'un principe dont l'absence dans l'économie est capable d'entraîner les plus graves désordres. Cette manière d'envisager la question des eaux, toute spécieuse qu'elle soit, semble jouir d'une grande faveur aujourd'hui.

Nous examinerons d'abord la théorie de M. Boussingault se rapportant à la privation d'oxygène dans l'eau, puis ensuite la théorie toute récente de M. Chatin sur l'absence de l'iode dans les eaux des pays goîtreux.

Défaut d'oxygène. M. Boussingault avait attribué le goître au défaut d'aération et d'oxygénation des eaux potables, mais le savant auteur de cette théorie y a renoncé lui-même depuis longtemps. Ses observations avaient été faites sur les plateaux élevés de l'Amérique méridionale ; rapprochées des faits que l'on observe sur notre continent, elles perdent toute leur valeur. En effet, nous voyons chez nous le goître fixé sur les hauteurs moyennes et dans les plaines , dans les circonstances où les eaux dissolvent le maximum d'air.

Jusqu'à ces derniers temps , il faut en convenir, cette théorie, présentée par un savant de premier ordre, avait fait un grand nombre d'adeptes. Elle s'appliquait en effet admirablement à plusieurs circonstances que l'on peut rencontrer dans quelques pays goitreux : ici c'était l'élévation du sol ; là, la présence de l'acide carbonique ; plus loin, le contact de l'eau avec des substances avides d'oxygène ; trois causes qui concourent à la désoxygénation de l'eau.

On a vu ce qu'il fallait penser de l'élévation du sol ; il en est de même de l'acide carbonique. Dès que les eaux sont courantes, elles rencontrent plus ou moins sur leur parcours , et par tout pays , des substances ayant de l'affinité pour l'oxygène ; d'ailleurs, comment expliquer le goître à une petite distance des sources, avant que ce gaz ait eu le temps d'être absorbé ?

Nous ne nous arrêterons donc pas plus longtemps sur la théorie de M. Boussingault , à laquelle vient se substituer aujourd'hui celle de M. Chatin, professeur à l'École de pharmacie, membre de l'Académie de médecine.

Défaut d'iode. MM. Fourcault et Marchand se disputent avec M. Chatin l'honneur d'avoir découvert l'absence de l'iode dans l'eau et l'air des pays goîtreux. M. Chatin reconnaît que M. Cantu (de Turin) est le premier qui ait signalé la présence de l'iode dans les eaux douces, et que c'est à ce chimiste que revient de droit l'honneur de cette découverte.

Nous ne voulons pas entrer dans ces questions de priorité, qui sont à notre avis de misérables querelles. Pour nous, les hommes qui font avancer la science sont tous grimpés sur les épaules les uns des autres, en sorte que celui qui arrive, par une découverte, au sommet de cette pyramide d'intelligences n'a pas beaucoup à s'énorgueillir de sa position élevée. Qu'une des pierres de l'édifice vienne à manquer, et du faîte il tombe au bas de l'échelle, au haut de laquelle il n'eût jamais pu monter sans l'arrangement des précieux matériaux de ce monument intellectuel. Le travail patient et laborieux d'un observateur qui a précédé a souvent plus fait pour l'édification d'une théorie qui n'est pas la sienne, que l'inventeur de cette théorie lui-même.

L'esprit humain est fait partout sur le même type. Il n'y a donc rien d'étonnant que lorsqu'une découverte est imminente, par suite de l'agrandissement du champ de l'observation, l'idée en soit venue à plusieurs observateurs en même temps..

Ingres, en Angleterre, avait déjà attribué l'absence du goître de certaines localités à la présence de l'iode et du brome. C'est en suivant tout une ligne parcourue par une couche de calcaire magnésien qu'il a vu se produire, avec une constance démentie seulement sur le bord de la mer, la difformité ou la maladie thyroïdienne. Si le goître n'est pas observé à Harrowgates, tandis qu'il est si commun dans les environs de cette ville, l'auteur que nous venons de citer l'attribue à l'iode et au brome que contiennent les sources.

M. Boussingault avait remarqué, dans les Cordillères de la Nouvelle-Grenade, qu'à Sanson, dans la province d'Antiocha, la population était préservée d'affections endémiques par l'usage d'un sel iodifère, et que le goître y était inconnu; tandis que dans les contrées voisines les populations en étaient affectées.

M. Chatin, par ses louables et persévérants efforts et ses savantes recherches, est le premier qui ait propagé et généralisé cette idée, mais il a la prétention d'établir des rapports mathématiques entre des quantités infinitésimales d'iode et la plus ou moins grande fréquence du goître et du crétinisme. Dans une série de mémoires présentés successivement à l'Académie des sciences, il pose ces faits avec la plus grande assurance.

Si, entre Lyon et Die (1re zone des Alpes), on ne trouve que des goîtreux et pas de crétins, c'est que l'iode y est encore représenté par une fraction de $^1/_{500}$ à $^1/_{800}$ de milligramme. Si l'iode descend à $^1/_{1000}$ de milligramme (2° zone des Alpes), à des cas de goître plus nombreux se joignent quelques cas de crétinisme. Enfin, si cette quantité d'iode finit par devenir invisible, comme dans les vallées profondes des Alpes (3e zone), on rencontre le maximum de goîtreux et de crétins. (*Comptes rendus des séances de l'Académie des sciences*, n° du 17 novembre 1851.)

Dans les vallées les plus élevées, l'iode brille également quelquefois par son absence, et cependant il y a diminution dans le chiffre des individus atteints de ces affections endémiques ; il est vrai que les coups de vents y apportent de temps à autre le précieux métalloïde.

Dans un autre mémoire (*Comptes rendus des séances de l'Académie des sciences*, t. 34, p. 51 ; 1852), on peut, dit M. Chatin, ainsi classer les rapports qui existent entre l'iode, le goître et le crétinisme.

Zone 1re *normale* ou *de Paris*. Le goître et le crétinisme sont inconnus. On trouve en moyenne que, dans cette zone, le volume d'air respiré par un homme en vingt-quatre heures (7,000 à 8,000 litres, suivant M. Dumas), le volume d'eau bue, et la quantité d'aliments consommés dans le même temps, renferment chacun de $^1/_{100}$ à $^1/_{200}$ de milligramme d'iode.

Zone 2e ou *du Soissonnais*. Le goître est plus ou moins rare, le crétinisme inconnu. Ne diffère de la zone 1re que par les eaux dures et privées d'iode.

Zone 3ᵉ ou *de Lyon et de Turin*. Le goître est plus ou moins fréquent, le crétinisme à peu près inconnu. La proportion de l'iode est descendue de $^1/_{500}$ à $^1/_{1000}$ de milligramme.

Zone 4ᵉ ou *des vallées alpines*. Le goître et le crétinisme sont endémiques. La proportion de l'iode dans la quantité d'air, d'eau et d'aliments consommée en un jour, est de $^1/_{2000}$ de milligramme au plus.

Dans les zones intermédiaires, le goître est subordonné aux influences générales; dans la zone 4ᵉ, le défaut d'iode est prépondérant.

C'est ainsi que M. Chatin trace à grands traits la géographie du goître et du crétinisme. Une statistique, faite dans de telles conditions, basée sur des faits généraux est de nature à laisser encore quelque doute, non pas sur la validité des analyses d'un savant comme M. Chatin, mais sur les rapports constants qu'il a voulu établir entre ces affections endémiques et l'absence de l'iode. Combien de faits particuliers ont pu échapper à la règle dans des régions ainsi tracées ! D'un autre côté, je doute fort qu'il se trouve des expérimentateurs assez habiles pour contrôler les innombrables analyses faites par M. Chatin, qui en est venu à opérer sur un décilitre d'eau.

L'année dernière, ce savant distingué, dans un voyage rapide et gigantesque, s'est donné pour mission de visiter une grande partie des régions où le goître est endémique, et d'analyser l'air, les eaux, etc., sur son passage, ou d'en recueillir les échantillons. Voici son itinéraire :

Parti de Paris, M. Chatin se dirigea vers la Suisse par les départements de l'Aube, de la Côte-d'Or, du Jura; visita toute la Suisse, la Savoie, le royaume de Sardaigne, une portion de l'Italie, le royaume Lombard-Vénitien; en Autriche, la Carniole, la Styrie, la Moravie, la Bohême, la Saxe; en Prusse, le Brandebourg; puis le

Hanovre jusqu'à Hambourg, le grand-duché du Bas-Bhin, et rentra
en France par la Belgique.

Les limites de mon travail ne me permettent pas de donner une
analyse, même succincte, de la relation de ce voyage ; je me per-
mettrai une seule observation : « De Paris à Dijon, dit M. Chatin,
la proportion d'iode dans l'air et dans les eaux est normale ; mais à
Auxonne, à Dôle, la quantité de ce métalloïde diminue déjà ; aussi
commence-t-on à rencontrer quelques goîtreux. » C'est contre cette
dernière assertion que je proteste. J'ai eu souvent l'occasion de visiter Dôle, j'ai interrogé les médecins de la localité, j'ai cherché
moi-même, et je n'ai pas trouvé un seul cas de goître. Par un autre
fait contradictoire, voilà M. Niepce qui cependant, sur le compte de
l'iode, s'est rencontré quelquefois avec M. Chatin, le voilà, dis-je,
qui assure que, dans les environs de Dijon, le goître est endémique
dans certains villages (loc. cit., t. **2**, p. 86). Si M. Chatin n'a analysé
que les eaux de la capitale de la Bourgogne, à coup sûr il a dû les
trouver excellentes ; car aucune ville n'est mieux pourvue en ce genre
que Dijon. Mais ce que je reproche ici à M. Chatin, c'est d'appliquer
à toute une région le résultat de son analyse sur un point limité.

M. Chatin lui-même paraît avoir senti ce que présente de défec-
tueux sa théorie, appuyée seulement sur de nombreux faits généraux ; car il cite deux ou trois faits particuliers qui semblent confirmer en tous points la loi générale qu'il a établie. Le plus
important est celui qu'il donne sous ce titre : *Un fait dans la question du goître et du crétinisme* (extrait d'un mémoire présenté à
l'Académie de médecine, avril 1853).

« Fully et Saillon sont deux villages contigus et placés au milieu
des vignobles qui s'étendent sur la rive droite du Rhône ; Fully, où
toute la population a le goître, est cité pour le grand nombre de ses
crétins.

« Saillon est, au contraire, renommé dans le Valais pour la belle
santé de ses habitants, que n'atteignait que rarement le goître, plus
rarement encore le crétinisme. »

On vint à changer l'eau, et Saillon perdit son heureux privi-
lége ; le goître y est aussi fréquent qu'à Fully.

M. Chatin analysa l'ancienne prise d'eau du torrent qui alimente
le pays, et il la trouva soixante fois plus iodurée que l'eau de Paris,
ce qui est dû à une source thermale qui mêle ses eaux fortement
minéralisées à celles du torrent dont la prise d'eau actuelle est au-
dessus de la source thermale. L'eau du torrent, à ce niveau, dont
se servent aujourd'hui les habitants, est totalement dépourvue
d'iode.

Ainsi s'explique, d'après M. Chatin, le changement survenu à
Saillon.

Les observations de M. Chatin ne sont pas contradictoires avec
celles qui placent la cause du goître non dans la soustraction d'un
principe utile à l'économie, mais dans les propriétés spéciales d'un
agent nuisible ; car, l'iode étant un spécifique du goître, il peut
bien guérir une population qui en fait usage sans s'en douter,
comme autrefois à Saillon.

Mais faudrait-il donc admettre, comme conséquence logique de
cette théorie, que la race humaine serait toute goîtreuse si ce corps
utile venait à disparaître ?

Heureusement les faits ne confirment pas cette triste prévision.

L'iode, recherché comparativement dans les eaux de pays goîtreux (Grozon, Sanlis, Arbois) et de pays non goîtreux (arrondissement de Dôle, dans la plaine, Champagnole, sur la montagne),
tous situés dans le département du Jura, a donné un résultat négatif à M. Dejean ; car ce pharmacien, en suivant avec exactitude
le procédé indiqué, par M. le professeur Chatin lui-même, au
Dr Chauvin, n'a pu découvrir, malgré toutes les précautions appor-
tées dans cette opération, la moindre trace d'iode ni de brôme dans
chacune des eaux indiquées. M. le Dr Germain, de Salins, est arrivé au même résultat, en opérant sur des eaux de diverses pro-
venances.

J'étais curieux de répéter quelques-unes de ces expériences sur la recherche de l'iode et d'y en ajouter de nouvelles. Deux litres d'eau de Champagnole, évaporés le 26 octobre 1853, ont laissé un résidu très-peu abondant, d'apparence argileux, jaunâtre; 0,4 décigrammes de carbonate de potasse chimiquement pur avaient été ajoutés au liquide préalablement avant l'évaporation. Traitée exactement d'après le procédé que M. Chatin a eu l'extrême obligeance de m'indiquer, en opérant devant moi dans son laboratoire, cette eau ne m'a pas fourni de réaction bien caractéristique de la présence de l'iode, si ce n'est une légère teinte rosée très-fugace apparaissant et disparaissant très-rapidement après l'addition d'une goutte d'acide nitrique et d'acide sulfurique. Si l'eau de Champagnole n'est pas privée d'iode, elle en renferme infiniment peu. Nous venons de voir que M. Dejean n'y en a pas trouvé du tout.

En poursuivant la recherche de l'iode dans plusieurs villages de la zone goîtreuse du Jura et en dehors de cette zone (Baume, Voiteur, Blettrans, etc.), j'ai obtenu un résultat complétement négatif.

J'avais eu soin, préalablement à ces analyses, d'essayer une eau iodurée artificiellement, et je m'étais ainsi assuré que, malgré mon peu d'expérience, j'arrivais à déceler la réaction caractéristique de l'iode dans 1 litre d'eau dans lequel j'avais fait dissoudre $1/_{10}$ de milligramme d'iodure de potassium.

Les quelques analyses qui précèdent semblent prouver que l'absence de l'iode ou sa diminution est un fait plus général, qui appartient à certaines contrées, sans distinction dans ces contrées de pays goîtreux ou non goîtreux.

D'ailleurs les observations tirées d'autres sources, qui contredisent la théorie de M. Chatin, sont en assez grand nombre. J'emprunte celles de M. Niepce, parce que cet auteur assure que les recherches de M. Chatin et les siennes ont amené des résultats à peu près identiques, et démontrent d'une manière absolue que, dans les vallées profondes des Alpes, l'iode manque complétement (loc. cit., t. 2, p. 32).

«Mais il fait observer que les plaines de la vallée du Pô, où l'on rencontre des rizières considérables et où le crétinisme sévit cruellement, présentent une exception remarquable. Dans ces contrées, où l'air, les eaux, contiennent de l'iode en quantité même très-notable, le goître et le crétinisme ne devraient pas se rencontrer, si la présence de ce principe dans ces milieux avait, comme le pense M. Chatin, une influence préservatrice aussi puissante...

«Dans le département de Saône-et-Loire, M. Niepce a rencontré un certain nombre de goîtreux dans différentes vallées de ses montagnes centrales. Les eaux de sources contiennent cependant de l'iode ; les terres, les grains et l'air, en renferment aussi. Ses analyses décèlent de l'iode dans presque toutes les eaux de Saône-et-Loire, et en quantité quelquefois très-notable; et pourtant il y a des goîtreux parmi la population qui en fait usage. Dans les vallées et sur les hauteurs des montagnes de ce département, l'air contient de l'iode...

«Les eaux de la ville de Mâcon, qui contiennent beaucoup de magnésie et de sulfate de chaux, ne renferment aucune trace d'iode ; elles rentrent évidemment dans la règle indiquée par M. Chatin, que dès qu'une eau contient une quantité notable de sels terreux, il est certain qu'elle ne renferme pas d'iode, et, malgré cela, on ne rencontre pas de goîtreux dans cette ville.

« Certains villages de la vallée d'Aoste, de l'Isère, du département de la Loire, de l'Ardèche, etc., renferment des goîtreux, bien que les eaux des fontaines contiennent de l'iode, que l'air atmosphérique, les plantes, les graines, le sol, en dénotent à l'analyse. »

Le goître n'est donc pas inconnu dans les contrées normalement iodurées, puisqu'il existe aux environs de Dijon, de Châlons, de Mâcon, et dans quelques endroits de la Bresse, au dire de M. Niepce.

D'un autre côté, dans certaines vallées des plus hautes régions des Alpes, l'iode fait défaut, et cependant le goître y est inconnu.

Dans les environs de Paris même, M. Chatin a trouvé des sources privées d'iode; il ne dit pas si les habitants qui s'en servent ont le goître. (*Comptes rendus des séances de l'Académie des sciences*, t. 34, p. 14.)

Dans ses conclusions (mémoire cité), basées sur près de 400 analyses, M. Chatin établit comme une loi sans exception que les eaux dures (sels calcaires et magnésiens) sont toujours peu ou point iodurées, quel que soit l'état de l'air.

Contrairement à cette espèce d'antagonisme, il est bon de remarquer, avec M. Grange, que toutes les eaux minérales magnésiennes des Alpes contiennent de très-fortes proportions d'iodure : telles sont les eaux de La Motte, d'Uriage, de Challes, de Saint-Gervais, etc.

Tous ces faits semblent démontrer que ni la présence de l'iode ni son absence ne peuvent nous rendre compte de ses rapports avec le goître endémique.

Tout ce qu'on peut admettre, c'est qu'il y a antagonisme entre la présence d'une quantité notable d'iodure de potassium et le développement du goître, parce que ce sel annihile l'influence délétère qui le détermine.

Toutefois, la théorie de M. Chatin ayant valu à son auteur les approbations académiques, je dois en terminant apporter quelque restriction au jugement peut-être trop absolu que j'en ai porté. La justice me fait un devoir d'attendre que ce savant plein de distinction et de bienveillance, nous ait fait connaître en détail la suite de ses travaux, car il n'a encore rendu publics jusqu'ici que les résultats de ses nombreuses recherches. Je réserve donc mon opinion définitive pour le moment où il dotera la science d'un traité *ex professo* sur la matière.

3° *Existence d'une matière organique particulière dans les eaux des pays goîtreux, résultat des recherches de l'auteur.*

Nous arrivons par voie d'exclusion, et déjà par un commencement d'expérimentation directe, à placer la véritable cause du goître dans certaine substance d'origine organique dissoute dans les eaux potables, et exerçant une action élective et spéciale sur le corps thyroïde.

Mais, avant de développer cette nouvelle hypothèse, et d'exposer nos propres observations, nous allons établir par des faits que les substances minérales ne sont pas les seules que le chimiste doive rechercher dans ses analyses; car c'est après avoir remarqué, dans les eaux de quelques pays goîtreux, la présence d'une matière organique dont la nature ne nous est pas bien connue, que nous lui avons accordé la part d'influence que d'autres attribuent aux sels de magnésie, au sulfate de chaux, à l'absence de l'oxygène ou de l'iode, etc.

Difficulté de cette étude. Nous ne nous dissimulons pas la difficulté de pareilles recherches; ce que nous trouvons dans les auteurs n'est rien moins qu'encourageant.

« Rien, dit M. Dupasquier, de Lyon, n'est plus incertain que la détermination par l'analyse chimique des matières organiques en *solution* dans les eaux potables; ces substances, quand les eaux ne sont pas décidément mauvaises, quand leur odeur et leur saveur n'ont pas quelque chose de putride ou de marécageux, s'y trouvent en si petite proportion, que l'on peut à peine en découvrir des traces. L'indication précise de leur quantité est donc, dans ce cas, illusoire et même impossible.

« Ce n'est pas d'ailleurs par la *quantité* qu'il faudrait apprécier les matières organiques contenues dans les eaux, c'est par leur nature plus ou moins putride et malfaisante. Mais ici s'arrête le pouvoir de la chimie : si l'altération des eaux par une matière organique délétère n'est pas sensible aux caractères physiques, par quel moyen la reconnaître? *Aucun réactif, aucun procédé chimique ne peut l'indiquer. Le seul moyen de l'apprécier, c'est d'observer les effets de l'eau sur la santé publique.* Il en est de ce liquide altéré par des traces insensibles de matières organiques délétères, comme de l'air

infecté par la contagion de la variole, comme de celui de nos marais de la Bresse, des rizières du Piémont, ou des maremmes de la
campagne de Rome. L'air, dans ces circonstances et dans ces lieux,
peut déterminer des maladies très-graves, donner la mort en deux
ou trois jours; et cependant, soumis aux investigations chimiques
les plus délicates et les mieux dirigées, il ne se comporte pas autrement que l'air pur des montagnes, ou celui que l'on respire au milieu de nos bois ou de nos jardins. De même on a souvent analysé
des eaux dont l'usage avait déterminé des maladies épidémiques
(l'auteur aurait pu ajouter et endémiques), et généralement on n'a
pu y découvrir la cause pathologique recherchée.

« Reconnaissons donc qu'il n'y a rien ou presque rien à attendre
de l'analyse chimique pour la connaissance de la *quantité*, et *surtout de la nature* des matières organiques tenues en solution dans
les eaux potables » (*des Eaux de source et des eaux de rivière*, par
Alphonse Dupasquier, p. 219 et suiv.).

Je ne doute pas, contrairement à l'opinion de M. Dupasquier,
que les progrès de la chimie ne viennent un jour apporter la lumière au milieu du chaos qui règne encore dans la recherche des
principes organiques de toutes les eaux, et en particulier des eaux
potables. M. Dupasquier est venu lui-même réaliser en partie ce
progrès, en proposant plus tard le chlorure d'or comme un excellent réactif pour déceler la présence des matières organiques
(*Comptes rendus des séances de l'Académie des sciences*, 1847).

On a appliqué le microscope à la recherche de ces mêmes matières. On est arrivé, avec cet instrument, à reconnaître des infu-
soires, des substances organisées végétales, en plus ou moins grande
quantité, suivant le degré de chaleur et de débordement des sources
et des rivières, entraînant plus ou moins de détritus animaux et végétaux répandus à la surface du sol. Mais le microscope pourrait-il
nous apprendre quelque chose sur les substances organiques solubles répandues dans les terrains eux-mêmes ? C'est ce que j'ignore.

Substances organiques des terrains. En effet, les diverses couches sédimenteuses de l'écorce terrestre renferment d'innombrables restes de végétaux et d'animaux des époques antérieures à celle de l'homme. Bien que tous ces êtres, végétaux et animaux, soient pétrifiés et transformés, et qu'il n'en reste le plus souvent que leurs empreintes, qui sait si quelques-uns de leurs principes actifs ne se sont pas conservés plus ou moins dans leurs fossiles (1)? Dans ce cas, s'ils sont solubles, pourquoi les eaux ne les prendraient-elles pas aussi bien que les substances minérales qu'elles peuvent dissoudre? Du reste ce que j'avance, et qui pourra paraître à beaucoup d'esprits une pure hypothèse, n'est pas nouveau. Pour ne citer qu'un exemple, la barégine a-t-elle une autre origine que les terrains traversés par les eaux minérales qui, en même temps qu'elles se chargent des principes sulfureux, prennent cette substance organique extractive, à laquelle médecins et chimistes accordent la plus grande part d'influence dans les effets si merveilleux de nos eaux des Pyrénées? C'est le défaut de cette substance qui rend si difficile l'imitation des eaux sulfureuses dans la fabrication des eaux minérales artificielles (2).

---

(1) Dans une note envoyée à l'Académie des sciences, M. Calloud annonce avoir constaté, dans les empreintes de Fougères, des schistes ardoisiens de Petit-Cœur (Savoie), une substance hydrocarbonée que sa saveur sucrée et l'odeur qu'elle exhale, quand on la projette sur des charbons ardents, semblent devoir faire considérer comme du glucose fossile, etc. (*Comptes rendus des séances de l'Académie des sciences*, t. 33, p. 544 ; 1851).

(2) Tous les savants ne sont pas d'accord sur l'origine de la barégine ou glairine des eaux sulfureuses. Quelques-uns ne voient dans cette matière qu'une algue formée de filaments d'une ténuité extrême; M. Robin, qui est de ce nombre, croit cependant que les eaux, en lavant les terrains, entraînent ainsi la substance organique, qui, à peine arrivée à l'air, se modifie et sert au développement de plantes qui, analysées entières, ont été prises pour des principes immédiats.

Je sais bien qu'on me fera l'objection qu'il s'agit ici non pas d'eaux minérales, qui traduisent ordinairement leurs propriétés par un goût plus ou moins prononcé, mais bien d'eaux potables parfaitement insipides ou à peine sapides. Mais l'objection tombe d'elle-même, car qui ne sait qu'un certain nombre de substances actives ne sont nullement ou très-peu perceptibles à la dégustation. Or des eaux potables limpides, présentant en un mot tous les caractères physiques et chimiques ordinaires des bonnes eaux, peuvent parfaitement contenir une très-petite quantité d'un principe actif, et ne pas traduire sa présence autrement que par ses effets sur la santé publique.

Je crois donc que les eaux des pays goîtreux peuvent se charger d'une substance de nature organique, en traversant les terrains sur lesquels on rencontre cette maladie endémique. Ceci n'est pas une pure supposition : M. Chevreul avait déjà vu que certains terrains pouvaient fournir des matières organiques, et les céder aux eaux capables de les tenir en dissolution. M. Bonjean a reconnu et signalé dernièrement, dans des analyses de terres diverses (marnes, dolomies, chaux carbonatée, etc.), un produit analogue à la glairine, d'où il résulterait que cette substance existerait aussi dans le règne minéral (*Annuaire de chimie* de M. Millon, 1850). Comme on le voit, c'est précisément dans les formations qui accompagnent constamment l'endémie, d'après les observations de Ingres en Angleterre, de Mac Clelland dans les Indes, et tout dernièrement de M. Grange, que l'on trouve un principe organique qui jusqu'ici n'avait pas attiré l'attention des savants. Ce fait suffirait déjà pour prouver que l'on peut rencontrer dans les eaux potables toute autre chose que les sels minéraux, qui sont presque les seules substances dont on s'occupe dans les analyses chimiques.

Nous trouvons dans les mémoires de la Société d'émulation du Doubs, pour 1846, la relation d'un forage du sol à Grozon, village le plus goîtreux de tout le Jura, forage qui a présenté une circonstance des plus curieuses. Le banc de sel gemme, de 6 mètres d'épaisseur, se trouve à une profondeur de 95 mètres ; pour y parvenir, on traverse d'abord les calcaires dolomitiques, puis les gypses, puis les couches de marnes irisées, de marnes bitumineuses et de salztone. Arrivé à 5 mètres environ au-dessous du banc de sel, la sonde a pénétré dans un calcaire bitumineux, mêlé de pyrites de fer ; il s'est alors produit un dégagement tellement abondant de gaz méphitiques, que les ouvriers n'ont pu continuer le travail. La sonde était attaquée par le gaz, et les tuyaux en tôle placés provisoirement pour le service d'aérage ont été corrodés en très-peu de temps. Les ouvriers qui avaient été soumis à l'influence de ces émanations présentaient du reste, quant à leur état pathologique, tous les symptômes d'un empoisonnement par les gaz les plus délétères.

M. Boussingault, en 1846, a lu à l'Académie des sciences un mémoire sur des échantillons d'eau salée et de bitume envoyés de la Chine, mémoire dans lequel ce savant signalait un phénomène absolument semblable, à l'occasion du forage d'un puits salin à la profondeur énorme de 1,000 mètres.

Nous avons donné les développements qui précèdent, afin de bien établir la possibilité pour les eaux potables de se charger de matières organiques dans les terrains eux-mêmes.

Substances organiques dans les eaux de certains pays goîtreux. Maintenant il s'agit de savoir si l'on trouve dans les eaux des pays théâtres des maladies endémiques des traces suffisamment constantes d'un principe d'origine organique, auquel on puisse raisonnablement attribuer l'hypertrophie du corps thyroïde. Or c'est ce que nous allons chercher à montrer, en compulsant les analyses d'eaux des localités où règne le goître, et en donnant le résultat de notre observation personnelle.

Nous le déclarons à l'avance, nous n'avons pas assez de faits pour fixer la vérité sur ce point et entraîner la conviction de chacun ; mais nous avons été conduit, sans idée préconçue, dans une voie toute nouvelle et encore inexplorée. Nous croyons qu'il y a dans cette direction une mine féconde, mais difficile, il est vrai, à exploiter ; c'est pourquoi nous profiterons de tous les conseils qu'on voudra bien nous donner, et nous saisissons cette occasion pour remercier M. le professeur Bouchardat de la bienveillance avec laquelle il nous a accueilli et des encouragements qu'il nous a donnés.

Il résulte des analyses qualitatives faites par M. Cantu, de Turin, dans plusieurs vallées des États sardes affligées de goîtres et de crétinisme, que toutes les sources de ces localités présentent à peu près les mêmes substances minérales ; seulement, d'après l'inspection du tableau, celles qui paraissent le plus affligées ont des sources qui contiennent une très-grande quantité de carbonate de chaux (c'est aussi la remarque que j'ai faite dans le Jura) ; on y trouve aussi en même temps des azotates en forte proportion. A peu près toutes les sources analysées par M. Cantu contiennent des iodures et des bromures. A Châtillon, dans la vallée d'Aoste, où il y a 259 goîtreux ou crétins, M. Cantu signale la présence d'*acide sulfhydrique* dans l'eau potable. Dans un tableau renfermant un grand nombre d'analyses d'eaux également des vallées des États sardes les plus affligées de goître et de crétinisme, et extrait du traité de M. le Dr Niepce, nous trouvons des résultats très-intéressants, et qui nous prouvent que les matières organiques méritent une sérieuse attention dans la question du goître : ainsi, dans l'eau de la fontaine supérieure de Montmeillan, sur un litre, les matières organiques y sont indiquées par la fraction 0 gr. 003 ; une fontaine du bourg de Saint-Maurice donne, sur la même quantité, *azotate de chaux*, 0 gr. 015.

D'après les analyses de M. Cantu, à Conflans, outre les sels minéraux ordinaires et des iodures en forte proportion, on trouve dans les eaux une *matière organique abondante*. Au village de Grignon, où il y a 62 goîtreux sur 302 habitants, on trouve dans le

ruisseau qui alimente la population de fortes traces d'*acide sulfhy-*
drique, plus une matière organique abondante et des traces d'iodure.

L'eau de Sainte-Hélène-des-Millières, commune avec celle de
Notre-Dame, qui renferme le plus de goîtreux et de crétins de toute
la vallée de l'Isère, contient, outre les sels minéraux, de fortes
traces de matière organique (voy. *Commission de Sardaigne,* tableau
n° 3, p. 140). L'analyse de tufs déposés par les eaux a donné à
M. Niepce, sur 1 gramme : à Layssaud, matière organique, $0^{gr},021$;
à Mont-Vernier, matière organique, $0^{gr},020$; à Villart-Clément, matière organique, $0^{gr}010$; plus les sels minéraux trouvés dans les
eaux. Dans dix analyses d'eaux de différentes localités à goître, des
départements de la Loire et de Saône-et-Loire, on voit figurer l'iode
à côté des *matières organiques,* et dans quelques-unes, l'acide sulfhydrique.

Matière organique azotée des sources fertilisantes. M. le sénateur
Dumas, dans ses leçons de chimie à la Sorbonne (leçon du 9 jan-
vier 1854), a appelé particulièrement l'attention de ses auditeurs
sur les eaux qui contiennent des matières organiques en dissolution.
On rencontre dans quelques pays des sources *fertilisantes,* qui tiennent en solution des matières organiques azotées et qui produisent
les plus merveilleux effets sur les prairies. C'est ainsi qu'en Savoie,
certaines pièces de terre, arrosées par ces sortes d'eaux, offrent
leurs herbes presque continuellement en état d'être fauchées. Sur
les bords de la Moselle, on a trouvé de ces sources, qu'on a utilisées
de la même manière, et qui ont donné le même résultat surprenant.
On reconnaît ces eaux par leur propriété de couvrir les cailloux
d'une substance glaireuse; des terres purement sableuses ont été
ainsi rendues à la culture. »

Ne serait-ce pas à cela qu'il faudrait attribuer ce contraste surprenant, signalé par les auteurs qui ont écrit sur le goître, entre la
richesse du règne végétal et la dégénération de l'espèce humaine ? S'il
était prouvé qu'un grand nombre de pays où règne le goître, doi-

vent leur végétation luxuriante à la présence de ces eaux azotées,
n'en pourrait-on pas légitimement conclure, que ce qui devient si
favorable aux plantes est la même cause qui se montre si nuisible
aux animaux, et en particulier à l'homme ?

M. Niepce, en décrivant la plaine de l'Isère, la vallée du Graisi-
vaudan, fait une riante peinture de ces contrées, où la richesse de
la végétation encadre des rochers abruptes, inaccessibles à la culture. «Tout est grandiose, dit-il, dans cette riche nature; les arbres
élèvent jusqu'aux nues leurs cimes touffues, la vigne étale ses ri-
chesses jusque sur les branches les plus élevées de l'ormeau, le
mûrier épanouit au soleil son riche feuillage, les prairies sont
émaillées de fleurs aux plus vives couleurs, les cascades nombreuses
forment dans leurs chutes de brillants arcs-en-ciel; il n'y a que
l'homme seul qui ne participe pas aux bienfaits de la Divinité.

«Il semble qu'elle ait voulu réserver toutes ses faveurs pour la végétation, et qu'elle ait sacrifié l'homme, cet être sensible, intelligent,
pensant, qui se croit l'objet constant de la prédilection divine au
reste de la nature. En présence de ce sublime spectacle d'une nature
si variée et si grandiose, cette pensée attriste l'observateur... »

Je pourrais multiplier ces citations; car, en comparant un grand
nombre d'analyses d'eaux potables de pays sains et de pays infectés,
les matières organiques ou les produits de leur décomposition, l'acide
sulfhydrique, le sulfhydrate d'ammoniaque, les azotates, etc., etc.,
y sont notés bien plus souvent dans les seconds que dans les premiers. Mais ni les chimistes, qui ont analysé les eaux des localités
visitées par le goître, ni ceux qui ont fait les mêmes analyses dans
les pays exempts d'endémie, ne nous ont paru attacher une bien
grande importance à la présence de ces matières organiques. Il est
donc logiquement permis, de cette comparaison d'analyses faites
par des hommes différents et souvent opposés d'opinions, de tirer
des conclusions dont ils ont eux-mêmes, à leur insu, posé les pré-
misses. C'est là, du reste, la véritable marche des sciences d'obser-

vation : sans les travaux des devanciers, le plus souvent, leur progrès deviendrait impossible. C'est ainsi que nous avons établi, par des témoignages nombreux, que la cause fondamentale du goître endémique réside dans les eaux potables, toutes les autres circonstances invoquées par les auteurs ne jouant que le rôle secondaire de causes occasionnelles. Et quand il s'agit de dire ce qui, dans les eaux potables, engendre le goître, c'est encore la même marche que nous suivons ; nous arrivons successivement à éliminer tous les sels minéraux qui ont été incriminés. Le cercle se circonscrivant de plus en plus, il ne nous reste que l'hypothèse de certaines matières organiques dissoutes dans les eaux, mais à la condition expresse que l'expérimentation directe et des recherches ultérieures viennent l'établir sur une base inébranlable.

Opinion de M. Ferrus. Aucun des observateurs qui jusqu'ici se sont occupés de l'étiologie du goître n'a fait jouer un rôle principal aux matières organiques des eaux potables. Cependant M. Ferrus, quoique partisan d'une cause multiple, déclare que la nature des eaux réclame une attention particulière ; il regarde les altérations auxquelles les eaux sont sujettes en traversant des terres cultivées, au milieu de certains débris tant végétaux qu'animaux, comme une circonstance importante sur laquelle il insiste, mais sans prétendre aucunement lui attribuer une influence exclusive. Au village d'Arien, dans les Pyrénées, il n'a pas trouvé d'autre cause au goître que la circonstance dont il parle. Le village d'Ayet, tout voisin, est exempt de l'affection thyroïdienne ; il est en tout semblable au précédent, si ce n'est qu'il puise les eaux à leur source même. D'après cela, M. Ferrus semblerait incliné à penser que les détritus des animaux et des végétaux actuels donnent des qualités malfaisantes à l'eau, en la rendant trouble et fade ; mais il ne s'est pas occupé de rechercher si des eaux parfaitement limpides ne tiennent pas en dissolution des matières organiques empruntées aux terrains eux-mêmes.

Un médecin des États-Unis, en Amérique, Barton, prétend que

le goître est produit par les effluves qui causent les fièvres intermittentes ; je regrette de n'avoir pas pu me procurer son mémoire sur ce sujet (Barton (Benjam.-S.), *A memoir concerning the disease of goitre, as it prevails in different parts of North America ;* c'est-à-dire *Mémoire sur le goître qui règne en différentes parties de l'Amérique septentrionale,* in-8° ; Philadelphie, 1800).

Opinion de M. Bouchardat. Nous avons déjà dit que M. le professeur Bouchardat, par suite d'une étude approfondie de l'étiologie du goître, était arrivé de son côté, par exclusion, à accuser quelque principe organique d'être la cause de cette maladie.

Recherches et expériences de l'auteur. Quoi qu'il en soit, voici comment j'ai été amené à rattacher l'étiologie du goître à la présence d'une matière organique en solution dans les eaux potables. Depuis bien longtemps un fait m'avait frappé, c'est d'abord la circonscription nettement tranchée du goître dans une certaine zone du Jura, puis ensuite sa localisation plus marquée dans certaines parties d'un même village. Je n'avais pas d'autre idée préconçue, lorsque je me mis à faire quelques analyses qualitatives des eaux de deux ruisseaux et de plusieurs autres sources alimentant le village de Baume, où je suis né.

Après avoir reconnu, par l'essai aux réactifs, les sels minéraux, qui ne m'ont pas offert d'autre particularité bien remarquable, si ce n'est une énorme proportion de sels de chaux, dont le carbonate de cette base forme la presque totalité, je fis évaporer au bain-marie environ 13 litres d'eau de la principale source de la Seille, dans le but d'apporter les résidus à Paris, pour faire contrôler par un chimiste exercé le résultat de mes propres observations ; en même temps, je faisais évaporer, avec les mêmes précautions, à peu près une égale quantité d'eau d'un autre ruisseau, dont les propriétés physiques présentent une notable différence sous le rapport de la température. Je conservai les deux résidus, avec une petite quantité d'eau qui m'avait servi à laver la capsule, dans deux flacons bouchés à l'émeri. Au bout de deux mois, en débouchant le premier flacon, il s'en échappa une odeur infecte et insupportable ; tandis que le second flacon ne m'offrit rien de semblable, il exhalait tout au plus une légère odeur de moisi. Les deux eaux avaient été puisées à peu de distance de la source même des deux ruisseaux ; je ne pouvais donc pas supposer une circonstance fortuite dans le parcours du premier pour m'expliquer ce phénomène. D'un autre côté, deux ou trois ménages se servant exclusivement de cette eau, non loin de la source, m'offraient quelques cas de goître, entre autres deux ou trois dans la même famille ; tandis que chez d'autres ménages usant exclusivement de l'eau du second ruisseau je ne trouvais aucun cas de cette affection, si ce n'est un seul apporté d'une autre partie du village. En rapprochant ces diverses circonstances, et ne trouvant rien dans les éléments minéraux de satisfaisant pour expliquer la cause du goître, il me vint à l'idée qu'il pourrait bien être le résultat de l'action de certaines matières organiques dissoutes dans des eaux parfaitement limpides, incolores, inodores, sans mauvaise saveur, ne devenant putrides que dans les résidus conservés humides. Je n'avais pas d'autre moyen d'analyse pour étudier cette matière organique. On sait de quelles difficultés sont entourées ces sortes de recherches : ni les traités généraux de chimie ni les ouvrages spéciaux n'indiquent de réactifs pour déterminer d'une manière certaine la présence de ces sortes de substances, et encore bien moins leur nature. Il ne me restait donc que le moyen grossier, mais long et dispendieux, de l'évaporation au bain-marie d'une certaine quantité d'eau et de la conservation du résidu humide, observant ce qu'il deviendrait, abandonné à lui-même, au bout d'un certain temps. M. Maumené, de Reims, n'a pas employé d'autre moyen pour toutes les eaux où il soupçonnait la présence de matières organiques ; le résidu conservé humide de bonnes eaux ne s'altère pas et ne prend aucune odeur.

Le dosage de la matière organique par la calcination du résidu et la soustraction de la perte est la seule chose dont on s'occupe habituellement dans les analyses des eaux potables, quand on juge convenable d'indiquer la présence de ces sortes de substances. A ce compte, presque toutes les eaux accusent des traces de matières organiques ; ceux qui veulent aller plus loin dans l'analyse recherchent si elles sont azotées, car on n'observe jamais que les produits de leur décomposition et leur transformation en éléments connus, tels que l'ammoniaque, l'acide sulfhydrique, l'hydrogène carboné, etc. Quant à les isoler, à les reconnaitre dans leur état primitif, à distinguer leurs propriétés, la chimie ne nous a encore rien appris de satisfaisant ; il importerait cependant de pouvoir différencier la matière organique d'une eau de celle d'une autre eau. *Car je ne prétends pas dire ici que les eaux donnent le goître, parce qu'elles renfermeraient indistinctement toutes espèces de matières organiques.*

Dans la pénurie de moyens pour arriver à ce résultat, force est bien de nous arrêter à un travail de comparaison entre les eaux des pays goîtreux et celles des pays sains, comparaison s'appliquant surtout aux matières organiques qu'elles peuvent contenir.

Zone goîtreuse dans le Jura. — Dans ce but, nous avons formé le projet, qui a déjà reçu un commencement d'exécution, d'examiner toutes les eaux potables du bassin de la Seille, dans toute la largeur de la zone goîtreuse dont la carte géographique ci-jointe représente une tranche. Comme toute l'étendue en longueur de cette zone, en bas du dernier plateau du Jura, n'est que la répétition de l'espace limité dans lequel nous nous sommes restreint, nous pourrons lui appliquer, jusqu'à un certain point, le résultat de nos observations dans le canton de Voiteur.

Réflexions de M. Élie de Beaumont sur cette zone. M. Élie de Beaumont, dans son rapport sur le mémoire de M. Grange, s'exprime ainsi : « Le Jura révèle d'une manière bien sensible la nature probable de cette influence (du lias, des gypses et des masses dolomitiques (cargneules) ou de celle d'autres formations). Les plateaux calcaires du Jura et les vallées profondes qui les sillonnent sont généralement exempts du goître ; mais on le rencontre à sa sortie, au pied des coteaux riants, généralement bien aérés et bien exposés, qui portent les vignobles de Lons-le-Saulnier, de Voiteur, de Poligny, d'Arbois, de Salins, coteaux formés par les marnes schisteuses du lias, si généralement sujettes à se couvrir d'efflorescences salines, et par les couches salifères des marnes irisées avec leurs gypses et leurs dolomies.....

« Mais, dit en terminant M. Élie de Beaumont, reste à savoir si, indépendamment de la magnésie, il n'existe pas dans cette eau *un principe actif, mais en très-faibles doses*, et qui jusqu'ici aurait échappé aux analyses. Dans cette supposition, il serait intéressant de diriger les analyses de manière à découvrir ce principe, quel qu'il pût être et quelque minime que fût sa proportion dans les eaux. »

Étendue de cette zone. — Chacun sait que la zone goîtreuse de notre pays (Jura) occupe une surface de peu de largeur, vouée presque exclusivement à la culture de la vigne.

« Cette zone, dit M. Désiré Monnier, règne sur le revers occidental du premier gradin du Jura, et ne présente pas plus de 11 kilomètres dans sa plus grande largeur, ni moins de 2 kilomètres dans sa plus petite; elle n'occupe pas un quart de la surface entière du département, et cependant c'est dans cette bande étroite, qui est tendue transversalement du sud-ouest au nord-ouest, sur une longueur de 8 myriamètres, que vont se grouper, en nombre tout à fait disproportionné, les cas de goître.....; sa hauteur au-dessus du niveau de la mer varie de 209 à 380 mètres. »

Si nous avions à envisager l'étiologie du goître d'une manière moins générale, et seulement dans le Jura, nous donnerions ici des

tableaux statistiques de cette affection dans ce département (1).
Nous avons dit, au commencement, ce que nous pensions de la statistique en général et de la statistique officielle en particulier. L'observation directe et immédiate des faits nous paraît préférable; c'est elle qui va nous servir de guide dans l'exposition des recherches et des expériences que nous avons entreprises pour arriver à découvrir la cause du goître endémique.

Source de la Seille. Comme on peut le voir d'après les teintes différentes de la carte qui accompagne ce travail, le goître commence *ex abrupto* avec la source la plus reculée de la Seille. Les habitants des villages situés immédiatement au-dessus (Crançot, Sermu, les Granges, etc.) font usage, en grande partie, d'eaux de citernes, et n'ont pas le goître.

Voici quelques renseignements qui ne sont pas tout à fait sans intérêt :

La principale source de la Seille semble sortir entièrement des couches calcaires de l'étage inférieur du terrain jurassique, couches calcaires qui, en cet endroit, forment une épaisseur considérable de rochers taillés à pic, d'une élévation d'environ 80 mètres. Une caverne vaste et spacieuse conduit à une espèce de lac souterrain, dont les débordements donnent lieu à des crues d'eau subites après les grandes pluies. Cette eau est alors très-trouble, jaunâtre, et sort, sous forme d'un torrent impétueux, par l'ouverture rétrécie de la

---

(1) Voyez, pour la statistique du goître dans le Jura, la thèse du D' Chauvin (1852); mais surtout l'*Annuaire du Jura* pour 1853, où M. Désiré Monnier a parfaitement compris le caractère que devait avoir cette statistique, en divisant tout le département en quatre zones :

1° Zone des montagnes,
2° — du vignoble,
3° — de la plaine,
4° — dôloise.

caverne. Ces crues d'eau sont de courte durée ; la plus grande partie de l'année, l'excavation est à sec et permet aux curieux d'y pénétrer ; mais, à quelques pas de là, par une fissure étroite du pied du rocher, jaillit un ruisseau limpide qui ne tarit jamais et qui a très-probablement la même origine que le torrent dont je viens de parler. Dix bouteilles de cette eau ont été puisées non loin de la source, le 23 octobre 1852, à midi, par un beau temps, et douze jours au moins après la dernière pluie tombée. La température ambiante étant de 13° centigrades, le thermomètre, après vingt minutes d'immersion, ne marquait plus que 11°. La température de cette eau est ainsi toute l'année peu différente de celle de l'atmosphère, et il m'est arrivé de m'y baigner dans une belle journée du mois d'octobre.

Une chose digne de remarque, c'est l'alcalinité très-prononcée de cette eau à la source même. Le papier de tournesol rougi par un acide est ramené fortement au bleu au bout d'un instant, ce qui est dû très-probablement à la grande quantité de bicarbonate de chaux signalé dans l'analyse que nous donnons plus loin de l'eau de ce ruisseau.

Une autre particularité qui mérite aussi de fixer l'attention, c'est qu'aucun poisson ne remonte ce ruisseau, tandis que la truite remonte le courant du ruisseau de Saint-Aldegrin, dont j'ai déjà parlé. Ce fait est de notoriété publique dans le pays. Il est vrai que l'eau de ce second ruisseau, qui opère sa jonction avec le premier à une petite distance de la source, est d'une remarquable fraîcheur ; sa température est toujours très-inférieure à celle de l'atmosphère. Par une journée du mois de septembre, la température ambiante étant de 18° centigrades, le thermomètre n'en accusait plus que 10 plongé dans l'eau. Je n'y ai pas trouvé non plus, comme dans le premier, les caractères de la décomposition d'une matière organique, et il ne paraît pas occasionner le goître aux deux ou trois ménages qui s'en servent.

Les dix bouteilles dont j'ai parlé plus haut ont été envoyées à mon excellent ami M. Chapelle, ex-préparateur de chimie à la Faculté des sciences de Besançon, actuellement professeur de physique et de chimie au lycée de cette ville, avec prière d'en faire l'analyse quantitative. Je copie textuellement dans sa réponse ce qui a trait à cette analyse, saisissant cette occasion pour le remercier de son bienveillant concours.

« *Analyse quantitative de l'eau de la Seille, par M. Chapelle.* Volume de l'eau renfermée dans les dix bouteilles : 9 litres 56.

« Composition du premier dépôt obtenu après une ébullition d'une heure environ dans un ballon de verre :

Poids du premier dépôt..................	1550	milligrammes.
Silice...............................	7	milligr.
Alumine, oxydes de fer et de manganèse..	8	—
Carbonate de chaux....................	1497	—
Carbonate de magnésie.................	38	—
	1550	

« Le premier dépôt séparé, les eaux ont été évaporées dans une capsule de porcelaine à moins de $^1/_{20}$ de leur volume. Il s'était formé un deuxième dépôt, qui a été séparé par la filtration et lavé à l'eau distillée.

Poids du second dépôt.................	484	milligrammes.

Composition :

Silice...............................	55	milligr.
Alumine et peroxyde de fer............	5	—
Sulfate de chaux.....................	15	—
Carbonate de chaux...................	379	—
Carbonate de magnésie................	30	—

« Les liqueurs provenant de la filtration du deuxième dépôt ont été évaporées dans une capsule de platine, à une douce chaleur, jusqu'à

10

siccité. Les matières organiques, en très-faible quantité, ne faisaient que colorer en jaune le résidu, qui est très-faible.

Poids du résidu.......................... 163 milligrammes.

Silice...........................	12
Sulfate de chaux.....................	32
Chlorure de magnésium...............	32
Chlorure de potassium...............	18
Chlorure de sodium...................	69
	163

« L'analyse de ce résidu m'a donné plus d'une difficulté : des pertes sont venues contrarier mes résultats, de sorte que je ne vous donne pas les quantités de ces éléments comme certaines; mais je crois pouvoir en assurer la qualité.

« Voici la composition sommaire rapportée à dix litres :

Silice...........................	77
Alumine, oxydes de fer et de manganèse.	14
Carbonate de chaux...................	1962
Carbonate de magnésie...............	71
Sulfate de chaux	49
Chlorure de magnésium..............	34
Chlorure de potassium...............	19
Chlorure de sodium...................	72
	2298

« Les carbonates ont été dosés à l'état de carbonates simples ; mais ils se trouvent dans l'eau de la Seille, comme toujours, à l'état de bicarbonates.

« J'ai trouvé du manganèse en traitant par le potassium le précipité d'alumine et de fer, dans le but de reconnaître la présence de quelque phosphate. Je n'ai pas reconnu de phosphate ; mai,s en reprenant le résidu par l'eau, il a présenté une coloration verte qui a passé au rose par l'addition d'une goutte d'acide chlorhydrique dilué. C'est le caractère du manganate de potasse.

« J'ai cherché l'iode dans le précipité produit dans la dissolution des sels solubles par l'acétate d'argent; pour cela j'ai réduit ce précipité par la potasse. L'iode devait se trouver alors à l'état d'iodure de potassium. J'ai repris par l'eau et filtré; dans la liqueur réduite à un très-petit volume, j'ai mis de l'acide chlorhydrique, de l'eau d'amidon, et de l'eau de chlore très-diluée avec précaution et goutte à goutte. La liqueur n'a pas cessé d'être incolore.

« Si, comme le dit M. Chatin, l'iode se trouve dans l'eau en proportion du fer, s'il est à l'état d'iodure de fer si facilement décomposable, par l'ébullition simple de l'eau, il doit y en avoir excessivement peu dans l'eau de la Seille, et il aurait fallu évaporer avec un peu de potasse destinée à fixer l'iode s'il y en a.

« Les matières organiques se trouvaient aussi avec le précipité de chlorure d'argent. En le lavant à l'acide nitrique, j'ai dissous ces matières organiques, mais je n'ai pu les précipiter de cette liqueur, qu'elles coloraient à peine. »

L'ébullition réduit en produits gazeux la matière organique de certaines eaux; précautions à prendre. Ce résultat concordant peu avec celui que j'avais obtenu, et que j'ai annoncé plus haut, à savoir la présence d'une certaine quantité de matière organique dévoilée par la putréfaction du résidu conservé humide, je fis de nouveau évaporer quelques litres de cette eau non plus au bain-marie, mais à feu nu sur des charbons ardents, me doutant que l'ébullition prolongée pourrait bien détruire une grande partie de cette substance. En effet, ce nouveau résidu conservé humide ne répandait pas une mauvaise odeur bien appréciable, même après plusieurs mois.

Il est évident pour moi maintenant que la température de l'ébullition est suffisante pour réduire en produits gazeux une partie des matières organiques contenues dans l'eau de la Seille. M. Chapelle ayant, tout le temps de ses opérations, fait évaporer à feu nu, il n'est donc pas étonnant qu'il n'ait pas pu les isoler.

Il faudra dorénavant, pour rechercher la matière organique spéciale contenue dans ces eaux, les faire évaporer à l'étuve. C'est à l'aide de ce procédé lent, mais sûr, qui ne permet pas aux liquides d'acquérir plus de 40 à 45° de chaleur, que M. Fauré, pharmacien à Bordeaux, dans ses analyses des eaux du département de la Gironde, a pu isoler, sans altération apparente, la matière organique contenue dans certaines eaux, et la dissoudre dans l'éther alcoolisé; l'évaporation de celui-ci lui a fourni la matière organique dans l'état de quasi-pureté (*Analyse chimique des eaux du département de la Gironde*, par M. Fauré; 1853).

Matière organique azotée dans les résidus analysés par M. Jaillard. Ayant fait évaporer, comme je l'ai déjà annoncé, au bain-marie, 13 litres d'eau de la Seille, le résidu, conservé dans un flacon bouché à l'émeri, aux deux tiers rempli d'eau de lavage, répandant une odeur infecte chaque fois qu'il m'arrivait de le déboucher, ce résidu, dis-je, fut remis seulement au mois de juin 1853 entre les mains de notre ami M. Jaillard, ex-interne en pharmacie des hôpitaux de Paris, pharmacien militaire, huit mois après l'évaporation. Pendant tout ce laps de temps, il était resté parfaitement renfermé, et débouché seulement deux ou trois fois. La première fois, il y eut un tel dégagement de gaz, que le bouchon fut projeté. Le dépôt, d'abord blanc, était devenu d'un gris bleuâtre.

M. Jaillard me remit la note suivante :

« Pensant bien qu'une décomposition partielle de la matière organique en contact avec les sulfates contenus dans ces eaux avait dû s'opérer pendant un aussi long séjour, nous prîmes la précaution d'exposer à l'ouverture du flacon un papier trempé préalablement dans une solution d'acétate de plomb, et nous pûmes par ce moyen nous assurer que l'air contenu dans le tiers supérieur du vase était chargé d'une certaine quantité d'hydrogène sulfuré.

« Nous recherchâmes ensuite la nature du dépôt. Pour cela nous évaporâmes au bain-marie et à siccité ce qui se trouvait dans le flacon ; nous obtînmes une masse grisâtre, représentant la matière organique et inorganique contenue dans les 13 litres d'eau sur lesquels on opérait. Nous ne nous occupâmes que de la matière organique, M. Chapelle ayant préalablement fait l'analyse de la masse saline. Nous prîmes donc une portion du résidu, et nous le mîmes dans un tube à expérience en contact de la chaux sodée. L'odeur ammoniacale qui se développa sous l'influence de la chaleur, et les vapeurs blanches qui se manifestèrent en présence d'une baguette de verre trempée dans l'acide chlorhydrique, nous convainquirent que dans le dépôt se trouvait une matière organique azotée.

« La quantité trop minime de matières organiques qui restait ne nous permit pas de nous livrer à des recherches plus fructueuses. »

M. Jaillard a cru reconnaître que cette matière organique azotée n'était plus soluble dans l'eau.

En même temps, je remis à ce jeune chimiste les résidus de six sources différentes, provenant de l'évaporation de 2 litres d'eau de chacune d'elles, dans le but d'y déterminer la quantité relative de la matière organique non encore détruite ; et il se trouve précisément qu'une plus grande quantité de matière coïncide avec l'eau des sources où la statistique m'a fait constater un plus grand nombre de goîtreux parmi les personnes qui en font usage.

Ainsi, par exemple, l'eau d'une fontaine à Nevy, alimentant une partie de la population où le goître fait beaucoup de ravages, lui a donné le résultat suivant :

Poids de la masse...............	1 gr. 83
Poids de la matière organique.....	0,035
— des sels de chaux..........	1,04
— des autres sels............ .	0,755
	————
	1830

Le résidu sec qui a servi à cette analyse répandait une forte odeur de moisi.

Nous avons fait nous-même un certain nombre d'analyses qualitatives des différentes sources servant aux usages domestiques dans le canton de Voiteur. Toutes ces eaux sont irréprochables sous le rapport de leurs qualités physiques : température généralement fraîche, limpidité parfaite, etc. Les substances minérales sont celles indiquées dans l'analyse quantitative de M. Chapelle, et dans les analyses qualitatives de M. Dejean.

Dans quelques-unes de ces sources, les réactifs les plus sensibles ne m'ont pas donné traces de sulfates ni de sels à base de magnésie, tandis que des analyses comparatives m'ont indiqué une forte proportion de sulfate de chaux et de sel de magnésie dans des eaux en dehors de la zone goîtreuse, telles que celles du village de Mirebel, situé sur le premier plateau du Jura, et qui sont impropres à dissoudre le savon.

Quelques essais avec le bichlorure de mercure comme réactif. En traitant toutes ces eaux par le bichlorure de mercure, j'ai obtenu avec quelques-unes une pellicule irisée, quelquefois assez épaisse pour pouvoir l'écrèmer à la surface du liquide. En même temps, et dans un plus petit nombre de cas, il se formait comme un coagulum grisâtre, léger, gagnant lentement le fond du verre à expérience. J'ai remarqué que cette pellicule et ce coagulum étaient d'autant plus prononcés que l'eau appartenait à un pays ou à un quartier plus goîtreux, bien qu'elle ne parût pas différer sous le rapport des sels minéraux de celle d'une localité mieux favorisée. Ce phénomène serait-il constant et serait-il dû à la présence d'une matière organique ? C'est ce que je ne sais pas encore, n'ayant fait l'essai de ce réactif que dans une vingtaine d'analyses au plus.

Conclusion. — Quoi qu'il en soit, les eaux du canton de Voiteur n'étant pas sensiblement différentes, sous le rapport des substances

minérales , de celles des localités les plus saines de toute la France,
il ne me restait que l'hypothèse de l'action des matières organiques,
en quelque faible quantité qu'elles se trouvassent dans ces eaux. Ce
n'est pas , selon moi, une circonstance indifférente que la putréfaction de leur résidu , circonstance impossible à prévoir d'après
leurs excellentes qualités physiques et chimiques, quant à leurs éléments minéralisateurs. Comparées sous ce dernier rapport à plus
de deux cents analyses d'eaux des pays les plus divers, contenues
dans le 1er volume de l'*Annuaire des eaux de la France,* publié
sous les auspices de M. le sénateur Dumas, alors qu'il était ministre
de l'agriculture et du commerce , je me suis convaincu que les sels
minéraux ne devaient entrer pour rien dans l'étiologie du goître.
Ce recueil, je dois le dire ici, m'a été d'un puissant secours; sans
lui peut-être n'aurais-je jamais pu arriver aux conclusions de ce
travail.

M. Dumas a rendu , par l'inauguration de ce monument, de signalés services à l'hygiène publique; puissent ses successeurs com-
prendre toute la portée d'une telle œuvre, et mener jusqu'au faîte
un édifice dont le couronnement sera la solution des plus importants problèmes de la santé des populations.

EXPLICATION THÉORIQUE BASÉE SUR LA COMPARAISON DE LA THYROÏDE
AVEC LA RATE.

On me demandera peut-être comment cette matière organique
spéciale , empruntée aux terrains à travers lesquels filtrent les eaux,
agit sur le corps thyroïde. C'est un mystère tout aussi impénétrable
que l'action des médicaments ; nous constatons leurs effets, et rien
de plus. Savons-nous comment l'iode jouit d'une propriété contraire,
savons-nous comment le mercure guérit la syphilis, le quinquina
l'accès de fièvre intermittente ? connaissons-nous bien mieux pourquoi tel agent purge, tel autre fait vomir? Si nous ne connaissons

pas l'action intime sur nos organes des substances qui nous guérissent, nous ignorons de même l'action des agents délétères qui nous
rendent malades.

Ce que nous savons seulement, c'est qu'un certain nombre d'a-
gents se localisent dans certains organes. Les belles recherches mé-
dico-légales d'Orfila nous ont montré que les poisons minéraux
s'accumulent dans le foie, où on les retrouve en grande abondance.

En vertu d'une analogie hasardée sans doute, mais rationnelle,
ne serait-il pas permis d'admettre que l'agent spécial en solution
dans les eaux potables agit comme tel sur le corps thyroïde, et y
détermine les altérations connues sous le nom de *goître?*

Nous trouvons dans la comparaison du corps thyroïde avec la rate
une nouvelle preuve de cette théorie du rapport étiologique entre
certaine matière organique et cette maladie. Nous sommes confirmé
dans cette opinion par l'induction et l'analogie ; l'anatomie et la
physiologie nous font découvrir dans la thyroïde et dans la rate une
structure, des propriétés et des fonctions analogues.

« En considérant les propriétés de la thyroïde, dit M. le D' Le
Gendre (*de la Thyroïde,* excellente thèse, 1852, p. 39), on voit
qu'elles présentent les plus grands rapports avec celles de la rate ;
ces deux organes, qui, d'après leur structure, ont été rangés par la
plupart des anatomistes dans la classe des ganglions vasculaires, peuvent aussi être rapprochés à cause de leurs fonctions. »

Si nous comparons, sous le point de vue anatomique et physio-
logique, la thyroïde à la description que M. P. Bérard a donnée sur
les fonctions de la rate, nous voyons que ces deux organes présentent
de nombreux points de ressemblance.

« De ce rapprochement, continue M. Le Gendre, entre la structure
et les propriétés de la rate et de la thyroïde, il résulte que l'on peut
admettre par induction la plus grande analogie entre les fonctions de ces deux organes. Suivant M. P. Bérard, la fonction la plus
probable de la rate est d'apporter une modification au sang de l'appareil digestif qui se rend au foie ; on peut admettre que la thyroïde

sert à apporter une modification semblable au sang qui se rend à
l'organe respiratoire. »

« Cette structure (du corps thyroïde), dit M. Vidal (de Cassis)
(*Pathologie externe*, t. 3, p. 744), établit une analogie de ce corps
avec la rate ; y en a une autre dans certains états pathologiques de
ces deux organes. En effet, ils sont fréquemment le siége de congestions sanguines ; mais il est rare que cet afflux de sang donne lieu
d'une manière prompte à des lésions profondes, ce sont plutôt des
hypertrophies qui s'établissent d'abord ; quelquefois la congestion
se transforme en véritable apoplexie, etc. »

Ainsi, sous le triple rapport de l'anatomie, de la physiologie et
de la pathologie, nous trouvons la plus grande analogie entre le
corps thyroïde et la rate ; il y a encore un rapprochement à faire
entre ces deux organes, c'est que tous deux sont influencés par des
agents morbides dont la nature organique n'est pas contestée, au
moins pour la rate.

En effet, la nature organique des effluves paludéens, constatée
par les expériences de Rigaud de Lisle, de Moscati, de M. de Gaspa-
rin, etc., paraît aujourd'hui non pas une hypothèse, mais un fait
démontré. Ces effluves agissent sur elle par une relation spéciale
(Beau), probablement semblable à celle de la belladone sur l'iris,
de la digitale sur le cœur, du mercure sur la muqueuse buccale, du
seigle ergoté, de la ruë, de la sabine, sur l'utérus, etc. Dans l'action de ces différents agents, nous voyons le fait, la relation entre
l'agent et l'organe affecté ; mais nous ne pouvons aller plus loin.
Pourquoi n'en serait-il pas de même de l'action des miasmes paludéens sur la rate ? (Hardy, thèse de concours pour l'agrégation,
1844.)

M. Piorry « regarde la rate comme un ganglion destiné à retenir
et à modifier la matière du miasme paludéen » (*Traité de médecine
pratique*, t. 6, p. 196).

Partant de ces analogies, l'hypertrophie endémique du corps

thyroïde ne serait-elle pas le résultat d'une action élective sur cet
organe de la matière organique qu'un commencement d'expérience
nous a fait constater dans les eaux des pays goîtreux, tout comme
les effluves marécageux, dont personne ne conteste l'origine organique, exercent une action élective et spéciale sur la rate pour produire l'hypertrophie de ce viscère ?

Nous ne voulons pas pousser plus loin l'analogie, car nous ne
voyons pas une identité entre la cause du goître et celle de l'hypertrophie splénique, mais une simple similitude, qui nous permet
d'expliquer l'une par l'autre.

RÉSUMÉ.

I. De nombreux faits établissent que c'est dans les eaux potables
qu'il faut rechercher la cause efficiente du goître endémique.

II. Toutes les autres circonstances, locales, générales et individuelles, ne sont que des causes prédisposantes qu'il faut étudier,
ainsi que les causes occasionnelles, avec le plus grand soin, au point
de vue de l'hygiène ; car en diminuant la prédisposition, on affaiblit
l'agent générateur du goître.

III. Cet agent dans les eaux potables n'est autre très-probablement qu'une matière organique d'une nature particulière, qui agit
sur le corps thyroïde à la façon des effluves paludéens sur la rate.

Pour prouver cette dernière proposition, nous avons établi :

1° L'innocuité des substances inorganiques ou des sels minéraux
en solution dans les eaux potables relativement à l'étiologie du
goître ;

2° La possibilité pour ces mêmes eaux de se charger, en traversant les couches terrestres, de substances d'origine organique ;

3° L'existence dans les sources qui occasionnent le goître de certain principe organique, en trop petite quantité pour traduire tout

d'abord sa présence par aucun des caractères physiques et chimiques
assignés aux mauvaises eaux.

Il faut, pour le constater, évaporer lentement, à l'étuve ou au
bain-marie, une grande quantité d'eau ; mettre le résidu humide
dans un flacon bouché à l'émeri, voir s'il s'y développe des produits
gazeux azotés ; agir comparativement sur des eaux réputées salubres par l'usage, etc.

IV.

QUELS SONT LES RAPPORTS DU GOITRE AVEC LE CRÉTINISME, LES SCROFULES, LE RACHITISME?

Bien que cette question soit un peu en dehors de mon sujet,
je n'ai pas cru cependant devoir la passer sous silence, à cause
de la confusion qu'un certain nombe d'auteurs ont faite de ces affections pathologiques. Il est fort difficile de décider si là où le goitre
et le crétinisme existent à la fois, ces deux maladies ont une étiologie commune. Je crois qu'il faut quelque chose de plus pour faire
un crétin que pour produire un goîtreux. C'est pour le crétinisme
que je serais disposé à admettre une multiplicité de causes qui ne me
paraît pas nécessaire pour le goître. Le crétinisme paraît être le résultat d'une profonde débilitation de l'économie longtemps soumise
à des causes déprimantes. Dans les pays où la cause du goître est
très-active, il n'est pas impossible qu'elle étende son action de nature débilitante sur les centres nerveux, pour enrayer le développement intellectuel et physique de ces êtres malheureux qu'on appelle
crétins.

Cependant le goître seul est bien plus répandu que le crétinisme.
Les localités où ces deux affections existent réunies sur le même individu ou séparées sur des individus différents sont relativement
beaucoup moins nombreuses ; plusieurs départements de la France
comptent de nombreux cas de goître et pas de crétins. L'opinion

qui ne voit dans ces maladies qu'une seule affection ou deux degrés différents de la même affection a pour fondement leur rencontre simultanée et fréquente dans un même pays : autant vaudrait dire que les fièvres intermittentes si communes dans les pays à vrais crétins, ne sont elles-mêmes qu'une des faces de cette dégradation. Les autres arguments sont tirés d'idées purement théoriques sur les fonctions présumées du corps thyroïde dans ses rapports avec l'encéphale.

Une peuve que le crétinisme diffère du goître, même sous le rapport étiologique, c'est que le premier est toujours modifié heureusement par les grandes mesures d'hygiène publique. Ainsi c'est surtout par rapport au crétinisme que le percement d'une route nouvelle, le desséchement des marais, l'amélioration des habitations privées, etc., sont signalés comme ayant eu une heureuse influence sur la diminution et même la disparition de cette plaie de l'humanité. Tandis que là où l'hypertrophie simple de la thyroïde règne à l'exclusion du crétinisme, toutes autres causes d'insalubrité restant égales d'ailleurs, on voit le goître disparaître sous la seule influence du changement des eaux potables dont se servent les habitants.

Le goître endémique n'est donc pas nécessairement lié au crétinisme ; on trouve, comme je l'ai déjà dit, de nombreux pays à goîtres sans crétins ; le Jura est dans ce cas. Bien que le Dr Chauvin en ait trouvé quelques exemples à Grozon, près d'Arbois, ils sont infiniment rares dans les autres localités de la zone goîtreuse de ce département. J'en ai trouvé deux seulement dans les environs de Salins, encore ne sont-ils que des crétineux susceptibles d'une certaine éducation et de rendre quelques services : l'un, du sexe masculin, âgé d'environ quarante ans, n'est pas goîtreux ; l'autre est une jeune fille de quatorze ans, qui porte un goître presque imperceptible. Je n'en ai pas rencontré dans d'autres villages où la statistique signale un grand nombre de goîtreux. Les observateurs modernes, parmi ceux qui n'ont pas fait seulement de la science dans

le cabinet, mais qui ont exploré les contrées à goîtres et à crétinisme, sont unanimes pour séparer ces deux affections.

La commission de Sardaigne est très-explicite à cet égard : «Les
observations faites dans les vallées d'Aoste et de Maurienne coïncident avec celles publiées par divers auteurs, en ce que les vrais
crétins ont rarement le goître» (loc. cit., p. 21).

«D'après les tables statistiques dressées par la commission, un
tiers seulement des crétins est muni d'un goître souvent très-volu-
mineux ; aussi plusieurs auteurs ont-ils regardé celui-ci comme une
dépendance du crétinisme. Cependant, si l'on considère qu'il se
trouve des crétins entièrement privés de goître; que le degré de
crétinisme n'est pas toujours en raison directe de son volume;
qu'enfin on rencontre des individus portant un goître volumineux
sans présenter le moindre indice de crétinisme, il est permis de
conclure que le goître ne constitue pas un symptôme essentiel, mais
qu'il forme *une concomitance purement accidentelle de cette triste
dégénération.* » (Ib., p. 42.)

«Le goître que présentent les crétins et les non crétins dans les
pays où le crétinisme règne endémiquement, est *une affection sim-
plement locale de la glande thyroïde.* »

Enfin la commission, considérant la réunion de ces deux maladies
comme une complication purement accidentelle, et d'après les renseignements qui lui ont été fournis, croit pouvoir conclure :

«1° Que le nombre plus grand de goîtres, dans un pays, n'y
donne pas lieu à un plus grand nombre de crétins ;

«2° Que si, dans certaines régions, le nombre plus grand de
goîtres se trouve accompagné d'un plus grand nombre de crétins,
cela ne tient à aucune influence de l'un sur l'autre; mais seulement
à ce que, parmi les nombreuses causes qui concourent au développement du crétinisme, quelques-unes peuvent aussi contribuer à la
production du goître;

«3° Que parmi les causes qui peuvent engendrer seulement le
goître, se rencontrent presque constamment chez nous *la mau-*

vaise qualité des eaux potables, la mauvaise nourriture, et souvent l'hérédité, spécialement du côté de la mère,» etc. (*Id.*, p. 44.)

M. Baillarger, dans un voyage aux Pyrénées, entrepris dans le but de faire des recherches sur le crétinisme de ces contrées, a vu un grand nombre de crétins entièrement privés de goitre. Dans la plaine de Tarbes, où il en existait beaucoup autrefois, le goitre était et est encore inconnu; aussi a-t-il suffi dans ce pays d'établir des routes nouvelles, d'introduire de nouveaux éléments dans la population, de dessécher les marais, etc., pour voir diminuer le crétinisme. (Leçons orales faites à la Salpêtrière par M. Baillarger en 1852.)

Ce résultat s'accorde parfaitement avec la définition que M. Baillarger donne du crétinisme : *C'est*, dit-il, *le développement incomplet, irrégulier, et le plus souvent très-lent, de l'organisme.* C'est une sorte de prolongation de l'enfance. M. Baillarger a trouvé un grand nombre de ces individus qui, à vingt ans, n'avaient encore aucune trace de puberté. Le poids de leur corps est peu considérable ; on en trouve qui, à cet âge, ne pèsent que 30 à 50 livres. La circulation reste fréquente, comme dans l'enfance, et il y a absence de tous les autres signes de l'âge adulte ; en un mot, ils ont beaucoup de trait de ressemblance avec le fœtus. Le crétinisme n'est quelquefois que passager ; le développement physique se fait tout à coup entre dix et quinze ans. Ces caractères ne sont pas applicables à tous les crétins, mais ils forment un lien commun qui en fait une classe à part. M. Niepce a publié cinq observations d'autopsies dans lesquelles on trouve un arrêt complet de développement des organes génitaux, des dents, et des autres appareils de l'économie.

M. Cerise a vu «que chez les crétins les plus complets le goitre était moins développé. Le développement du corps thyroïde paraissant lié à celui des organes génitaux, on conçoit que les vrais crétins n'aient pas de goitre, puisque leurs organes génitaux restent atrophiés, et que chez eux la puberté est indéfiniment retardée ; l'arrêt de développement qui constitue le caractère propre du crétinisme

doit aussi bien porter sur la thyroïde que sur les autres organes...»
Mais les partisans d'une relation inséparable entre le goître et le
crétinisme ne peuvent pas augurer de là une identité dans la pathogénie de ces deux affections.

M. Ferrus, qui s'est surtout attaché à considérer le cerveau et la
boîte crânienne dans le crétinisme, le définit ainsi : *une hydrocé-
phalie œdémateuse chronique.* Cette définition n'est point opposée à
celle de M. Baillarger, puisque tout développement régulier de l'organisme est sous la dépendance du système nerveux.

M. Ferrus établit aussi une ligne de démarcation profonde entre
le goître et le crétinisme. Cette dernière affection, dont il a fait une
étude spéciale, se rattache à des dispositions générales de l'économie, auxquelles le goître reste étranger.

Malgré la communauté de l'étiologie admise par M. Ferrus, il
n'en reconnaît pas moins la diversité très-nettement tranchée de
ces deux états. «Je remarquerai, dit-il, comme diagnostic différen-
tiel, que le goître se trouve associé souvent à une santé parfaite et
à une portée d'esprit remarquable. En Piémont, en Savoie, en Lom-
bardie, dans une foule d'autres localités, se rencontrent des hommes
affectés de goîtres et qui possèdent les plus rares talents ; j'ai, quant
à moi, connu des personnes goîtreuses douées d'éminentes facultés
intellectuelles. »

Je m'associe pleinement à la remarque de M. Ferrus ; moi aussi
je connais des personnes, distinguées et par les qualités de leur esprit et par celles de leur cœur, chez qui le volume considérable de la
thyroïde n'a d'autre inconvénient que d'être un embarras des plus
incommodes, il est vrai, mais qui ne présage nullement, et pour le
présent et pour l'avenir, une fatale dégradation de l'espèce humaine.

Le goître restera toujours pour nous une affection locale, et le crétinisme, une maladie générale, que l'on rencontre quelquefois, il est
vrai, dans le même pays, qui peuvent avoir, dans quelques circonstances, une communauté d'origine dans une cause débilitante de

l'économie. Tant que cette cause ne trouve pas de puissants auxiliaires dans les modificateurs hygiéniques locaux, elle exerce une action spéciale, je dirais même spécifique, sur le corps thyroïde, et elle ne va pas au delà; mais, s'il vient à s'y joindre quelques-unes des influences insalubres signalées par les auteurs, ou si seulement elle atteint subitement son summum d'intensité, le corps thyroïde devient une barrière trop faible, et elle envahit tout l'organisme, spécialement les centres nerveux : ainsi pourrait-on expliquer la coïncidence assez fréquente du crétinisme avec le goître dans le même pays. Là il est d'observation, en effet, que les goîtreux engendrent souvent des crétins, et cette filiation, attestée par des médecins dignes de foi, constitue une difficulté sérieuse dans la séparation des rapports de ces deux affections. Le crétinisme est une affection héréditaire par excellence, qui ne débute jamais subitement chez un individu donné, et qui se prépare ordinairement de longue main par l'affaiblissement successif de plusieurs générations. Mais le goître n'engendre pas fatalement le crétinisme ; celui-ci ne me paraît pas la limite ultime du premier, comme quelques auteurs semblent le prétendre, car on peut établir comme une loi la proposition suivante :

Dans les pays goîtreux où ne règne pas le crétinisme, on n'a pas à redouter le développement de ce dernier par voie de génération.

Chacun peut vérifier l'exactitude de cette proposition dans un grand nombre de localités de la France où règne le goître endémique, à l'exclusion du crétinisme ; on voit dans certains villages le goître se perpétuer depuis les temps les plus reculées, sans que cette longue succession ait la moindre tendance à dégénérer en crétinisme.

Celui-ci est aussi distinct du goître que le goître l'est de la scrofule... Je ne puis trop m'élever contre la prétention des savants qui se sont efforcés de faire de cette trinité, *scrofule, goître* et *crétinisme,* une sorte d'unité pathologique. Une telle confusion est aussi contraire à la vérité qu'aux progrès de la science. Je ne suis pas le seul à protester contre cette observation inexacte des faits.

D'après M. Niepce, les maladies scrofuleuses et rachitiques sont très-répandues dans les vallées des Alpes où règne le crétinisme ; mais cet auteur fait remarquer, avec juste raison, que les conditions et les circonstances qui ont été désignées comme causes de ces maladies se trouvant toutes dans ces contrées, il était certain que ces maladies devaient y être communes.

Quelques auteurs ont dit, et parmi eux Ackermann, que le crétinisme n'était qu'une forme du rachitisme.

« Pour moi, dit M. Niepce, qui ai étudié avec tant de soin le crétinisme et toutes ses complications, les affections scrofuleuses et rachitiques ne sont que des épiphénomènes... Il existe des différences si grandes entre les scrofuleux et les goîtreux, qu'il est impossible de les confondre...... Le rachitisme présente aussi des caractères bien différents de ceux du crétinisme, » etc. (*Traité du goître et du crétinisme*, p. 128.)

« La scrofule, dit M. Ferrus, n'est pas fréquemment unie au crétinisme ; mais, lorsqu'elle s'y trouve associée, loin d'en effacer le caractère, elle l'exagère et l'aggrave. Il en est de même du rachitisme... Rien, en effet, ne diffère plus d'un crétin que les hommes dont le système osseux s'est déformé sous l'influence du rachitisme ordinaire... » (Loc. cit., p. 50.)

Je ne puis m'empêcher de citer encore, à cette occasion, tout un passage de M. Lebert, dont personne assurément ne récusera le talent d'observation : « Je ne puis, dit-il, nullement partager l'opinion émise par beaucoup d'auteurs, que le goître soit une affection scrofuleuse. De là vient même la synonymie de maladie scrofuleuse et strumeuse ; plusieurs médecins vont même beaucoup plus loin encore, en regardant le goître comme un commencement de crétinisme.

« Qu'on appelle strumeuses les maladies scrofuleuses, je n'ai aucune objection à cela, puisque le mot de scrofules est un de ceux qu'on ne peut pas toujours prononcer dans la pratique particulière. Mais, ayant exercé la médecine dans un pays (le canton de Vaud, Suisse) dans lequel j'eus occasion de voir beaucoup de goîtres, d'affections scrofuleuses et de crétinisme, je puis affirmer que la plupart des personnes qui avaient le goître n'étaient nullement scrofuleuses, et encore beaucoup moins crétins, et que ces derniers ont quelquefois, mais pas toujours, une hypertrophie de la glande thyroïde. Le goître est une maladie commune à beaucoup de pays de montagnes; le crétinisme est beaucoup plus rare, et ne se trouve que dans quelques vallées; la maladie scrofuleuse, par contre, est répandue partout, et, quoique ces diverses affections puissent se rencontrer sur le même individu, il n'existe pourtant aucune liaison pathologique entre elles. » (*Physiologie pathologique,* par M. Lebert, t. 1, p. 132 et suiv.)

Il resterait en dernier lieu à distinguer le crétinisme de l'idiotie, dont il est une forme toute spéciale ; mais nous ne voulons pas empiéter sur le domaine des aliénistes. Nous dirons seulement que les crétins diffèrent des idiots par un arrêt plus général et plus complet du développement de tous les organes, et en particulier des organes génitaux, qui peut aller jusqu'à l'extinction de la race; ils s'en distinguent aussi par leur réunion et leur limitation bien tranchée dans certains pays, à l'exclusion de tous les autres, de manière à donner à leur affection le caractère d'une endémie véritable.

Si j'ai dépassé les limites de mon travail dans cette discussion, je ne regrette pas le temps que je viens de lui consacrer. On comprend toute l'importance qu'il y a, pour les individus et la société, à rétablir la vérité des faits. Heureusement, si quelques médecins s'égarent, l'opinion publique est là pour redresser leur jugement. Non, le goître n'est pas une prédisposition fatale au crétinisme; non, le goître n'est ni une identité ni une transformation de la scrofule. Une observation incomplète des faits et des idées théoriques ont seuls pu conduire à cette unité imaginaire.

V.

DES INDICATIONS PROPHYLACTIQUES ET CURATIVES DU GOITRE.

Le traitement du goitre a trop de rapports avec l'étiologie pour que nous n'en disions pas quelques mots. Deux genres d'indications se présentent à remplir : 1° prévenir le goitre à l'aide de mesures d'hygiène publique et privée ; 2° le guérir, une fois qu'il s'est développé.

Traitement prophylactique.

Selon nous, il y a deux moyens de prévenir toute maladie endémique. Le premier consiste à augmenter la résistance individuelle et sociale chez les populations envahies ; le second, à soustraire ces populations aux agents délétères dont la relation étiologique avec la maladie paraît bien établie.

Ce dernier but a été l'objet des efforts constants de tous les observateurs qui jusqu'ici se sont occupés du goitre ; car, d'après l'axiome *Sublata causa tollitur effectus*, il était permis d'espérer de faire disparaître cette maladie, dont la limitation dans certains pays nous révèle si bien l'existence d'une cause spéciale. Mais les auteurs ont tour à tour proposé des moyens différents, suivant qu'ils voyaient la cause du goitre dans telle ou telle circonstance accessoire, à laquelle ils faisaient jouer le rôle principal.

Il n'entre pas dans mon sujet de traiter aujourd'hui en détail cette question importante de la prophylaxie et du traitement, ce but suprême et sacerdotal de nos études en médecine, la guérison de l'homme malade et son amélioration individuelle et collective.

Nous avons admis des causes prédisposantes générales, nous leur opposerons les grandes mesures d'hygiène publique ; nous conseillerons de dessécher les marais, d'encaisser les cours d'eau, de bâtir les habitations dans des lieux bien exposés et selon toutes les règles de l'hygiène, etc. etc.; nous recommanderons encore le percement de routes nouvelles et toutes les grandes mesures administratives ou industrielles qui peuvent amener la richesse dans des pays rélégués et sans commerce, etc.

Aux causes prédisposantes individuelles, nous opposerons des conseils particuliers et une hygiène privée en rapport avec ces prédispositions. Tout individu prédisposé ou déjà atteint fera bien, s'il le peut, d'aller habiter une autre localité; car le changement de lieu a une efficacité réelle, incontestable, basée sur des faits précis et bien observés. On entourera l'âge habituel où le goître se développe de soins particuliers, surtout chez la femme; on traitera, par les moyens appropriés, l'aménorrhée, la dysménorrhée; l'âge critique sera l'objet d'une attention spéciale; on opposera au tempérament lymphatique l'hygiène et le traitement qui lui conviennent, les ferrugineux, les amers, etc. Une mention spéciale doit être accordée à l'hérédité qui sera combattue par des alliances bien assorties : l'habitant des vallées, surtout si le goître est héréditaire dans sa famille, évitera de se marier dans le pays; il prendra pour sa femme la robuste montagnarde, qui apportera dans la famille et transmettra aux enfants, avec une bonne constitution physique, un esprit actif et intelligent. Le montagnard, de son côté, ne redoutera pas de s'allier aux femmes des vallées humides et de la plaine ; à la fougue de son intelligence, de son esprit d'industrie, à son tempérament sanguin, il opposera le caractère patient, la constitution plus molle, quoique rouée à la fatigue, de la vigneronne ou de la bressande; celles-ci, de leur côté, amélioreront leur constitution par le séjour dans un air plus vif et par des travaux moins pénibles et plus en rapport avec leur sexe.

Je n'ai pas besoin d'insister davantage sur le croisement des races; c'est une nécessité que la morale et l'hygiène s'accordent à proclamer.

Dans un siècle où l'on s'occupe avec tant d'ardeur du perfectionnement des espèces animales domestiques qui servent à la nourriture de l'homme, il est vraiment déplorable de voir l'abandon dans lequel on laisse tout ce qui tient à l'amélioration de la race humaine, dont on se plaît à déplorer sur tous les tons l'abâtardissement.

Ces réflexions s'appliquent encore à ce qui concerne l'éducation. Le développement intellectuel et moral doit primer, sans aucun doute, le développement physique dans l'ordre hiérarchique. Mais on oublie trop souvent aujourd'hui que le corps est un instrument dont l'âme se sert pour se manifester au dehors, suivant la belle définition de saint Augustin, reproduite de nos jours par M. de Bonald : «L'homme est une intelligence servie par des organes.» Si l'instrument est mauvais, la manifestation sera nulle ou embarrassée ; donc il y a nécessité d'améliorer le corps par la gymnastique. Une sage gymnastique devra surtout être instituée dans les maisons d'éducation qui, par leur situation, disposent les élèves à contracter des maladies endémiques.

Mais, si l'exercice fortifie le corps, en élevant sa puissance de résistance aux agents extérieurs, certains genres de travaux, et une fonction organique importante, comme nous l'avons vu, jouent le rôle de causes occasionnelles très-actives. Dans les pays endémiques, on engagera les femmes surtout à ne pas porter de trop lourds fardeaux sur la tête. Le goître résultant des efforts de l'accouchement sera plus difficile à prévenir; dans quelques cas spéciaux, on pourrait peut-être utilement, sous ce rapport, faire profiter la femme du bienfait du chloroforme.

Par ces mesures générales et particulières, applicables aux pays où le goître règne seul, à l'exclusion du crétinisme, et à ceux où ces deux maladies existent simultanément, on fera que l'homme résistera mieux aux influences délétères qui déforment ses organes ; mais on ne l'en préservera pas complétement, s'il reste toujours soumis à l'usage des mêmes eaux, où il puise chaque jour le principe de son mal.

Partout ou l'on pourra remplacer les eaux potables reconnues nuisibles par d'autres plus pures, on aura atteint le but désiré.

Mgr Billet, archevêque de Chambéry, que nous avons déjà cité avec honneur comme favorable à la cause hydrologique du goître, a proposé de remplacer les eaux des sources et des puits par les eaux pluviales, que l'on recueillerait dans des citernes ; c'est ainsi que quelques familles aisées de la Maurienne et du Piémont se préservent du goître. Nous avons cité nous-même plusieurs villages très-voisins, les uns entachés de goîtres, les autres entièrement préservés de cette infirmité, et dont la différence principale consiste pour ces derniers dans l'usage d'eaux de citerne. Dans l'arrondissement de Sains (Oise), dit M. Grange, où le goître est endémique, les personnes aisées se mettent à l'abri à l'aide de ce même moyen. Mgr Billet conseille encore de chercher si, par des filtres appropriés, il serait possible de modifier la nature chimique des eaux.

M. Dumas avait conseillé à M. Grange, sous le point de vue de la magnésie, l'introduction de la cendre dans les eaux ; il avait pensé qu'en déplaçant les sels magnésiens, elle pourrait les modifier heureusement, en y introduisant une petite quantité d'iodure de potassium.

Si la nouvelle étiologie que nos recherches nous ont conduit à reconnaître, à savoir l'action singulière d'une matière organique spéciale sur le corps thyroïde, se confirme par des expériences ultérieures, je conseillerais, non pas à titre de moyen général applicable à toute une population, mais à titre de conseil particulier, de faire bouillir l'eau avant de s'en servir et de la soumettre ensuite à une nouvelle aération. Ce conseil est basé sur la propriété que paraît posséder cette matière, de se réduire en produits gazeux par l'ébullition ou de perdre sa solubilité.

Mais je crois avec M. Grange qu'il n'y a que deux moyens pratiques de résoudre le problème de la préservation : celui de conduire à peu de frais dans les villages, quand on le peut, des eaux de meilleure qualité, et l'introduction dans l'alimentation journalière des sels iodurés.

Partout où l'on trouvera de bonnes eaux, reconnues salubres par un long usage ou par l'analyse chimique, au voisinage des pays infectés, on fera tous ses efforts pour engager les communes à les conduire jusque dans leurs fontaines, et à renoncer aux sources qui paraîtront de mauvaise qualité. Mais, lorsque les circonstances ne permenttent pas de changer la nature des eaux, il faut mettre le remède à côté du mal, et faire de l'ioduration le plus possible, suivant l'avis de MM. Boussingault, Bouchardat, Grange, Chatin, Ferrus, et Niepce, qui tous, en partant de vues étiologiques différentes, sont cependant arrivés au même point. M. Grange est persuadé que l'usage journalier des sels iodurés, à la dose d'un décigramme à 5 décigrammes par kilogramme, remplira admirablement le but que l'on doit attendre. Des expériences concluantes ont déjà été faites; il appartient maintenant au gouvernement de les étendre. Les mesures hygiéniques reconnues efficaces ne doivent pas être seulement conseillées, elles s'imposent d'autorité. Sous les législateurs antiques, la loi religieuse et la loi hygiénique se confondaient souvent dans un même objet; ils avaient compris qu'il fallait faire le bien des hommes malgré eux, ce qui est encore vrai de nos jours.

Après les autorités si imposantes que nous venons de citer, nous n'aurons pas de peine à démontrer que ce sel ioduré remplit parfaitement les conditions d'un remède facile à employer et peu coûteux. On peut l'employer, en effet, de la même manière que le sel ordinaire pour tous les besoins du ménage, et rien de plus aisé que de se le procurer au même prix. Il y a, dans les fabriques de soude, des sels iodurés qui ont peu d'emploi dans le commerce, et qui servent spécialement à l'extraction de l'iodure de potassium; si on les ramenait au titre de un dix-millième en les mélangeant avec du sel ordinaire, ils pourraient fort bien satisfaire à l'indication dont il s'agit et ils ne coûteraient pas plus cher que celui-là.

«Aux personnes qui pourraient craindre, dit M. Grange, que ces sels n'eussent une fâcheuse influence sur l'organisation ou sur certaines fonctions, je répondrai que la dose d'iodure introduite ainsi dans l'alimentation sera encore inférieure à celle que prennent, sans s'en douter, les habitants des bords de la mer, et qui vivent de poissons, de mollusques; et à celle que contiennent les sels provenant des sources salines de certaines provinces de la chaîne des Cordillères, et qui sont journellement employés par une population considérable. Au rapport de M. Boussingault, ces sels sont exportés dans les pays à goître, où ils sont généralement employés pour guérir ces maladies endémiques ou pour s'en préserver, et personne n'a jamais ouï dire que leur usage ait donné lieu à des accidents de quelque nature que ce soit. »

Traitement curatif.

Il comporte des moyens médicaux et des moyens chirurgicaux.

1° Le traitement médical du goître comptait autrefois des substances très-diverses, vantées par l'empirisme le plus absurde ; lès amulettes en avaient aussi leur part. Mais depuis longtemps une longue expérience avait fait connaître l'efficacité de la poudre d'éponge torréfiée ou non torréfiée ; c'est même cette dernière qui, sous le nom de poudre de Sancy, a joui si longtemps d'une vogue justement méritée. Nous ne nous occuperons donc pas des fondants de toute sorte qui ont été recommandés contre cette maladie, tels que le sulfure de potassium à l'intérieur, l'emplâtre de Vigo *cum mercurio* sur la tumeur, etc., parce que depuis que l'iode a été découvert par Courtois en 1811, étudié par Gay-Lussac, et introduit dans la pratique médicale par Coindet, de Genève, il est devenu un puissant médicament, et en particulier le spécifique du goître. J'ai remarqué que cette substance agissait tout aussi rapidement administré à l'intérieur qu'en frictions sur la peau. La préparation qui m'a semblé le mieux réussir, dans les quelques cas que j'ai eu à traiter, est la solution d'iodure de potassium dans l'eau distillée, avec addition de 4 ou 5 gouttes de teinture d'iode. Je commençais toujours par 4 grammes d'iodure pour 60 grammes de véhicule, à prendre deux ou trois cuillerées à café tous les jours dans un verre d'eau sucrée. Cette dose restait la même ou était augmentée suivant l'effet produit. Mais il n'y a aucun espèce d'avantage à donner des doses élevées.

Dans un cas dans lequel la solution iodurée m'avait paru occasionner quelques légers accidents d'irritation, j'eus l'idée de recourir à un composé de l'iode, le plus riche en ce corps, mais le moins irritant de tous, l'iodoforme (1). Je ne dépassai pas la dose de 0,25 centigrammes par jour, en pilules, et je vis disparaître en moins de six semaines, sous l'influence de ce médicament, un goître plus gros que le poing. La cherté de cette substance et son absence des officines ne me permirent pas d'en faire de nouveau l'essai contre le goître.

L'iodoforme, malgré son odeur aromatique, sa saveur douce, et qui n'a rien de corrosif, est à peine usité en thérapeutique ; sa constitution chimique semble cependant annoncer des propriétés iodi-

---

(1) L'iodoforme, découvert par Sérullas, bien étudié par M. Dumas, a pour composition $C^2 HI^3$. Il est solide, sous forme de belles paillettes jaunes, se volatilise et se décompose au-dessus de 100°. Il est insoluble dans l'eau ; il se dissout dans le sulfure de carbone.

Cette solution, renfermée dans un flacon avec un peu d'amalgame de potassium, m'a offert une propriété bien singulière : d'abord d'un rouge violet foncé, elle se décolore dans l'obscurité et devient vert pâle. La lumière diffuse, et à plus forte raison les rayons solaires, lui rendent sa couleur primitive, qu'elle perd de nouveau dans l'obscurité, pour recommencer la même série de phénomènes. Chose surprenante, la même solution, séparée de l'amalgame, conserve sa belle couleur rouge et n'est plus influencée par l'absence des rayons lumineux. Ce phénomène serait-il dû à une action de contact, dite catalytique ? Je suis porté à le croire ; mais, n'ayant pas poussé plus loin l'étude de cette curieuse propriété, je l'abandonne aux méditations des chimistes.

13

ques spéciales. M. le professeur Bouchardat, qui a indiqué une manière très-simple de le préparer, est le premier qui l'ait employé en médecine; et c'est l'autorité d'un tel maître qui m'a engagé à le prescrire dans un cas où son emploi paraissait bien indiqué (1) (voy. *Manuel de matière médicale et de thérapeutique*, par M. Bouchardat, 2° édit., p. 744; 1846).

L'efficacité et la durée du traitement du goitre, par l'iode *intus* et *extra*, car peu importe la manière dont il soit absorbé, sont très-variables, et dépendent de l'anatomie pathologique, du volume, de l'ancienneté de cette tumeur, et de l'âge du malade; il est difficile d'établir à ce sujet des règles fixes. La durée du traitement peut varier entre trois semaines et quatre ou six mois, et quelquefois bien davantage. Certains goitres volumineux se fondent en partie, et restent ensuite stationnaires; d'autres semblent résister entièrement au traitement le mieux institué. J'ai vu un exemple de l'un et de l'autre cas.

Voyons si, pour ces goitres rebelles aux préparations iodées, la chirurgie peut venir à notre aide et nous offrir quelques chances de succès.

2° On a vu quelquefois le vésicatoire hâter la résolution de la tumeur, une application de caustique de Vienne en déterminer la fonte complète, une incision avec le bistouri amener le même ré-

---

(1) Ce n'est pas seulement contre le goitre que ce nouveau médicament pourrait trouver son emploi. Son absorption facile, sa propriété anesthésique, encore inconnue de la plupart des médecins, mettront peut-être sur la voie de nouvelles applications. Je l'ai vu réussir, sous forme de suppositoire, dans un cas d'affection vague et ancienne du col de la vessie, s'accompagnant d'hypersécrétion prostatique et même purulente. M. le Dr Caudmont, à qui j'ai communiqué ce fait, a eu depuis à se louer de ce nouvel agent dans des cas analogues que sa clientèle spéciale lui permet d'observer. Il possède déjà cinq ou six observations de malades chez qui le symptôme sécrétion morbide a été très-rapidement modifié; car, il faut le dire, c'est à ce dernier symptôme que l'iodoforme paraît surtout s'adresser.

sultat. Je n'en dirai pas davantage de la compression, du séton, de la ligature de la tumeur, de la ligature des artères thyroïdiennes, etc. ; tous ces procédés, et les cas spéciaux qui les réclament, seraient trop longs à discuter ici.

Mais j'appellerai particulièrement l'attention des chirurgiens sur la ponction suivie de l'injection iodée de certains kystes du corps thyroïde, des goîtres cystiques, comme le dit M. Bouchacourt, forme anatomique la plus fréquente du bronchocèle.

Depuis que M. Velpeau a généralisé les injections iodées dans les cavités closes, on a publié un grand nombre d'observations de goîtres guéris par cette opération. Le Dr Chauvin en rapporte huit, tirées de la pratique de M. Bergeret, d'Arbois, pratiquées avec un plein succès. J'en possède moi-même quatre ou cinq inédites, recueillies pour la plupart dans les hôpitaux de Paris ; malheureusement l'étendue déjà trop considérable de ce travail m'a forcé à les retrancher de mon manuscrit. Je le regrette d'autant plus, qu'elles mettent en lumière certains points d'étiologie, en même temps qu'elles font voir l'efficacité de ce traitement, le plus souvent exempt de dangers sérieux,

Le goître entraîne quelquefois assez d'incommodités pour légitimer quelques-unes des opérations dont nous venons de parler, surtout la dernière. Mais, s'il est une maladie dans laquelle les opérations de complaisance doivent être proscrites d'une manière absolue, c'est assurément dans celle qui nous occupe.

Aussi ne parlerai-je, en finissant, de l'extirpation du goître que pour la rejeter. Le grand nombre d'insuccès bien connus, ceux entre autres de Dupuytren et de M. Roux, qui poussait si loin la probité scientifique, sont bien suffisants, je crois, pour la faire bannir du cadre des opérations chirurgicales. Que ces exemples de malheureux morts sous le couteau, ou peu d'instants après l'ablation de la tumeur, fassent réfléchir le chirurgien assez téméraire pour l'entreprendre. C'est avec juste raison que Boyer a pu dire :

« L'extirpation de la thyroïde est au nombre des opérations que la prudence, la raison et l'expérience, désavouent. »

Il faudrait, pour en venir à cette extrémité, que la vie du malade fût immédiatement menacée, que les accidents causés par son goître ne lui laissassent aucune chance de vivre ; car, encore dans ce cas, *melius anceps quam nullum remedium.*

TABLE.